国家出版基金项目

《"十三五"国家重点图书、
音像、电子出版物规划》项目

ZHONGGUO
FUSHI WENHUA
JICHENG
CHAOXIANZU
QUAN

中国服饰文化集成

朝鲜族卷

中国民间文艺家协会 编

民族出版社

《中国服饰文化集成》编委员

总　主　编：邱运华
副 总 主 编：周燕屏　徐岫鹃
执行总主编：王锦强

《朝鲜族卷》编委员
主　任：曹保明
副主任：李成飞
委　员：孟哲学　韩光云

主　编：曹保明
副主编：李成飞（常务）
　　　　韩光云　千寿山
编　委：千寿山　金　赫　金哲洙　李光平
　　　　张靖鑫　姜彦艳　崔香顺
摄　影：李光平　李永哲　等

民族服饰：最贴身的民间文化遗产

王锦强

作为中华民族文化身份的一个重要表征，中国民族民间服饰琳琅满目、蔚为大观。中华民族的着装艺术始终伴随着民族的发展，形成了与当地自然空间相适应、与民族传统相呼应、与民族审美心理相照应的特色鲜明的服饰文化。中华各民族文化孕育和编织了缤纷的民族服饰图谱与锦绣花篮，五彩缤纷的服饰又进一步丰富和延展了中华文化的美丽星系和情感版图。中华民族的服饰文化与其他文化样式融会贯通地书写和缝合了人类文明进程的绚丽篇章与斑斓册页。民族服饰是民间文化长廊中最耀眼的瑰宝，也是我国最具特色的最贴身的文化遗产。我国各地的服饰因民族而多彩，因风俗而新奇，因审美而典雅，因节日而庄重，因长幼而有序，因地域而灿烂，因季节而简繁，因配饰而绰约。它以千姿百态的色彩谱系和精彩纷呈的视觉语言，传递出不同民族的文化信仰和传统习俗；它以天人合一的浑然组合和自然崇拜的初心理念，演绎出五里不同风、十里不同俗的妙曼神韵；它以千丝万缕、包罗万象、千变万化、巧夺天工的手工技艺和造型纹样，传导出中国人的世界观、人生观、价值观和审美观。民族服饰凝结着中华儿女的精神血脉、创世思想、造物观念、文化美学、民族感情和超凡创造力，源于中华民族地缘结构的深度契合与文化物语的高度渗透，在服饰元素及语义中仍能捕捉或寻觅到族群、族徽、族谱的记忆参照物、观感物。

我国各民族民间服饰的式样、构图、线条、色彩，在日积月累、天长日久中"集腋成裘，聚沙成塔"，塑造出生动卓越的中国形象；在贯穿了大量神话般的历史、文化、爱情、婚姻、民俗、信仰、审美等方面的原创话语传统中讲述中国故事，在无穷的器物叙事中聆听中国声音，并积淀了深厚的历史文化底蕴和深刻的人文关怀。服饰文化对应了自然景物的荣枯盛衰以及人生际遇的顺利穷通，随应了历史的风云变幻以及社会深刻变革后的秩序溶解与规则适从，感应了与政治、社会、经济、宗教、家族、精神、伦理的外向型空间关系的多元化维系及内向型稳定结构的多样化表达。艳若云霞的各民族锦衣华服与美不胜收的装饰配饰交相辉映，既是各民族服饰文化传承人的杰作，也是各民族优秀传统文化的绝佳诠释物，因而成为一个民族物质文明、精神文明的重要载体。

　　服饰是一个民族最为直观与鲜明的文化标识。56个民族的服饰，就是一幅中华民族文化的风情画卷。这些璀璨夺目的民族服饰，不仅反映出不同地区各具特色的精湛的民间染织绣及雕饰锻造传统工艺水平，而且集中体现了每个民族的风俗习惯、宗教信仰、节庆礼仪与艺术传统。因此，民族服饰有着极强的观赏价值、广泛的研究价值和广阔的发展利用空间。

　　在经济全球化的背景下，随着文化的转型，民族传统服饰已经处于大幅度萎缩和大范围衰落状态。因此，对民族民间服饰进行系统的、有组织的抢救保护，成为民族文化有识之士及民族服饰文化爱好者的强烈呼声和共同愿望。2006年，中国民间文艺家协会将民族民间服饰文化的抢救和保护工作纳入中国民间文化遗产抢救工程的重点实施项目，并先期对土族、裕固族、蒙古族、朝鲜族、赫哲族、达斡尔族、鄂温克族、鄂伦春族、羌族、纳西族等民族服饰文化进行了示范试点调查，其成果成为大型系列出版物《中国服饰文化集成》的基础内容。

　　《中国服饰文化集成》计划将散落在祖国大地上的各民族民间服饰资源进行梳理、盘点、整合、辨析，以图文并茂的形式，从民族服饰流传的地域人文背景、主要作品形态与价值，以及与该服饰相关的概念、习俗、传说、故事、歌谣、民谚、俚语、俗语等文化信息入手，真实、全面地记录、展示具有代表性的民族民间服饰文化的地域分布、资源现状、民族性格和审美心理，充分展现中国民族民间服饰文化的真实全貌和传承脉络。

　　《中国服饰文化集成》利用第一手调查材料，记录现阶段我国民族民间服饰文化的现实状况，运用文字、照片、摄像的方式呈现各种民族民间服饰的制作技艺流程、代表性服饰作品及相关民俗事象，突出民族性、典型性、代表性、地域性、活态性、珍稀性的特点。《中国服饰文化集成》以民族立卷，原则上每个民族一卷，服饰内容较少者两三个民族合一卷，服饰内容相对丰富的民族可列多卷，汉族八个方言区单独列卷。《中国服饰文化集成》以民族文化为切入点，着力发掘和梳理各民族传统服饰资源及民间遗存，并从自然环境、村落形态、历史人文、地域生活、穿戴习俗、民间信仰、色彩象征、审美特征及民族文化心理，到家居布置、店铺作坊、制作方法、工具材料、民间服饰技师档案、款式纹样及其内涵等方面，反映民族服饰精华，提炼民间文化精髓。

《中国服饰文化集成》通过对各民族聚居区传统服饰的村落形态与兴衰、剪裁样板或纹饰图样、民间设计、代表性作品现存状况、传承人档案及有关资料的调查，全景式全要素透析各个时期、各地域的民族服饰结构及其民族文化内涵。《中国服饰文化集成》将服饰分为日常服饰、民俗服饰、劳作服饰等，涉及宗教信仰、生产形式、产业形态、民俗文化、服饰缘起及其特征、类别、功能、价值等；其结构由头装、颈装、上身装、腰装、下身装、足装等组成。此外，还涵盖了服饰材质种类、加工技术及工具、款式纹样、色彩、印染技术、制作技艺、保存方法等。其中，民俗服饰包括了人生礼仪、嫁娶丧葬、岁时节日、宗教信仰、文艺表演、体育竞技等相应的服饰样式，以及工艺特点、生产生活、穿戴习俗、商业贸易、口诀艺诀、物件配饰与身体配饰等要素、环节及其传承谱系等内容。服饰色彩着眼于着装者的年龄、性别、职业、季节、地域、支系、习俗、用途等方面的个性禀赋与文化功能，叙述其与色彩、款式之间的关系及互相搭配组合的原则与要领，剖析染色技术及纹样形式如动物纹、植物纹、云、雷、日、月、水、火、山、石等自然纹，以及人纹、几何纹、文字纹、吉祥纹等符号化要素的细微特征，解析其名称、起源、来历、传说、观念、地位、行当、角色、信仰、民俗、职能、象征、禁忌等特殊意义上的文化定位、民族溯源与时空建构。

《中国服饰文化集成》既关注各民族的族系与分布，更倾心其服饰文化的延续与流传。如，蒙古族历史悠久，部落繁多，分布甚广，在我国内蒙古、新疆、青海、甘肃、河北、黑龙江、吉林、辽宁、云南、四川、贵州、福建等地均有聚居或散居。《中国服饰文化集成·蒙古族卷》编纂人员仅在内蒙古自治区就穿行了2万多公里，对呼伦贝尔市、锡林郭勒盟、乌兰察布市、赤峰市、通辽市、呼和浩特市、兴安盟、鄂尔多斯市、包头市、巴彦淖尔市、阿拉善等地的蒙古族民族民间服饰情况进行了调研考察，采集到海量的服饰资料，其中包括一些清末、民国时期的珍贵服饰照片。

《中国服饰文化集成·土族卷》调查组对互助、民和、大通和同仁等地土族生产、生活、婚丧嫁娶、集会节日等服饰文化进行了全面普查，深入挖掘和抢救濒危的古老服饰，考察并记录了不同身份、不同类型的服饰及相关习俗、制作工艺以及传承、流布等信息，拍摄服饰作品及素材资料图片11300多幅。此外，还尽可能地复原濒临失传或已失传的早期服饰制作材质（皮革、毛纺等）、材料运用、制作特点、穿戴习俗等服饰文化方面的记忆和类项。专家团队在调查纳顿节、土族婚礼、财宝神、来宝（傩舞）等民俗和民族节日中，还同步进行了动态影像记录。其他民族的服饰调查，同样也为我们打开了一扇扇神奇的炫彩之门，将我们引入一个个深邃的民族文化"秘境"。

《中国服饰文化集成》项目实施过程中，各地各民族服饰文化专家学者提供了众多有价值的服饰遗产线索和民族传统文化信息，包括他们的田野和学术最新成果。这些集体智慧，对于勾勒服饰文化的历史图景和发展脉络，揭示各民族服饰文化传承的精神谱系和现代形态，解读服饰文化中蕴含的民族基因序列和文化密码，探讨民族服饰文化在当代的价值及其研究与利用，探寻抢救与保护民间文化遗产和服饰文化遗产的途径和方法，均有积极意义和启发作用。

曾经的美丽还在装点我们的生活，曾经的经验仍将启迪我们的创意，曾经非凡的创造也必将进一步熔铸我们的自信与尊严。民族服饰让我们深切感受到中华文化的博大精深，在"你中有我，我中有你"中铸牢中华民族共同体意识。针笔线墨的奇思妙想与从头到脚的表意策略，在某种意义上也使我国多元一体的民族大家庭格局天衣无缝，亲密无间。希望《中国服饰文化集成》的出版能为了解和认识、诠释和解读中华民族民间文化提供一个特别的视角、途径与方式。

目录

序言 / 1

第一章　历史与文化底蕴 / 4

一、生存环境 / 6
　（一）自然概况 / 6
　（二）历史沿革 / 10
　（三）生业方式 / 12

二、文化空间 / 18
　（一）文化教育 / 18
　（二）宗教信仰 / 19
　　1. 民族宗教 / 19
　　2. 其他宗教 / 20

三、民俗风情 / 20
　（一）日常生活 / 20
　　1. 饮食习俗 / 21
　　2. 居住习俗 / 23
　（二）人生礼仪 / 24
　　1. 出生礼 / 24
　　2. 婚娶礼 / 25
　　3. 祝寿礼 / 26
　　4. 丧祭礼 / 27
　（三）节庆游艺 / 28
　　1. 岁时节令 / 28
　　2. 游戏竞技 / 29

第二章　服饰渊源与特征 / 30

一、历史缘起 / 32
二、时代演变 / 34
三、综合特征 / 39

第三章　服饰材质与类型 / 46

一、材质选取 / 48
　（一）材质史迹 / 48
　（二）生产工序 / 52
　　1. 麻的种植 / 52
　　2. 蒸麻剥皮 / 54
　　3. 纺线织布 / 55

二、服饰的功能类型 / 56
　（一）日常服饰 / 56
　（二）礼仪服饰 / 61
　　1. 百日服 / 61
　　2. 抓周服 / 61
　　3. 嫁娶服 / 62
　　4. 花甲服 / 64
　　5. 丧葬服 / 66
　　6. 巫服 / 67
　（三）节日服饰 / 69
　（四）表演服饰 / 79

第四章　服饰结构与款式 / 90

一、头装 / 92

(一) 日常冠巾 / 92
1. 黑笠 / 92
2. 草笠 / 93
3. 斗笠 / 93
4. 程子冠 / 94
5. 宕巾 / 94
6. 网巾 / 94
7. 儒巾 / 95
8. 咕儿列 / 95
9. 南巴韦 / 96
10. 早巴韦 / 96
11. 毡布头巾 / 96
12. 额掩 / 97
13. 风遮 / 98

(二) 礼仪冠巾 / 98
1. 纱帽 / 98
2. 簇头里 / 98
3. 花冠 / 99
4. 幅巾 / 99

二、上身装 / 100

(一) 日常上衣 / 101
1. 都鲁麻基 / 101
2. 快子 / 102
3. 麻古子 / 102
4. 道袍 / 102
5. 长衣 / 102
6. 梢子 / 102
7. 罗兀 / 103
8. 蓑衣 / 103

(二) 礼仪上衣 / 104
1. 半回装则羔里 / 104
2. 三回装则羔里 / 105
3. 七彩缎则羔里 / 106
4. 唐衣 / 107
5. 圆衫 / 108
6. 阔衣 / 109
7. 官服 / 110
8. 孝服 / 111

三、配衬装 / 112

(一) 腰装 / 112
1. 道袍带 / 112
2. 官带 / 113
3. 周带 / 114
4. 幸州裙 / 114

(二) 臂腿装 / 115
1. 套袖 / 115
2. 行缠 / 115

四、下身装 / 116

(一) 裤子 / 116
1. 巴几 / 116
2. 楤裤 / 116

(二) 裙子 / 117
1. 筒裙 / 117
2. 缠裙 / 117
3. 膝襕裙 / 119
4. 大襕裙 / 119

五、足装 / 120

（一）鞋靴 / 120

1. 米土里 / 121

2. 草鞋 / 121

3. 革屐 / 121

4. 木屐 / 123

5. 云鞋 / 123

6. 胶鞋 / 124

7. 木靴 / 124

（二）布袜 / 125

第五章　服饰色彩与印染 / 126

一、色彩构成 / 128

（一）色彩等级 / 128

（二）色彩观念 / 130

（三）色彩种类 / 131

1. 黄色系列 / 132

2. 红色系列 / 132

3. 青色系列 / 132

4. 黑色系列 / 132

5. 白色系列 / 132

二、印染技术 / 134

（一）印染渊源 / 134

（二）印染工序 / 136

1. 颜料和配色 / 136

2. 古代染色方法 / 137

3. 民间染色方法 / 137

第六章　纹饰与刺绣 / 142

一、纹饰形式 / 144

（一）纹饰种类 / 144

（二）纹饰寓意 / 146

二、刺绣技艺 / 147

（一）刺绣渊源 / 147

（二）刺绣技法 / 153

第七章　服饰裁缝与保存 / 156

一、裁缝技艺 / 158

（一）缝制工序 / 158

（二）裁缝工具 / 159

二、保存方法 / 165

（一）整洁存放 / 165

1. 洗涤 / 165

2. 平整 / 167

3. 存放 / 167

（二）置放用具 / 168

第八章　装束与佩饰 / 176

一、装束礼俗 / 178

二、头装佩饰 / 178

（一）发式 / 179

（二）头饰 / 185

三、穿着佩饰 / 195

（一）腰部佩饰 / 195

（二）衣服饰品——装饰扣 / 195

第九章　服饰故事与歌谣 / 202

一、服饰故事 / 204
（一）布袜菜 / 204
（二）新郎的衣服 / 206
（三）纺车和棉布 / 209
（四）辫带的故事 / 211
（五）花甲彩袖衣 / 213
（六）孩子和长袍 / 214
（七）围巾的故事 / 215
（八）幸州围裙 / 218
（九）彩袖衣 / 218
（十）大裆裤 / 218
（十一）百日红 / 220

二、服饰歌谣 / 222
（一）织布机之歌 / 222
（二）洗衣歌 / 226
（三）纺车打铃 / 227

第十章　服饰传承与发展 / 228

一、民间传承 / 230
二、产业发展 / 236

参考文献 / 238

后记 / 239

序言

在中国北方，有一个勤劳、勇敢、智慧、善良的民族——朝鲜族；他们聚居的地方叫延边，这里是中国唯一的朝鲜族自治州。19世纪中叶，朝鲜北部连年遭受自然灾害，成千上万的贫苦灾民背井离乡，他们越过图们江、鸭绿江迁入中国的东北地区，以延边为中心形成了广阔的朝鲜族聚居区域，传承和发扬本民族的优秀文化传统，开辟了新的生活家园。

在美丽的延边，民族服饰是一大特征。朝鲜族人民在远古时期也曾经历过"编木叶为衣，以度寒暑，掩湿遮羞"及"麻衣草食"阶段。到了朝鲜三国（高句丽、百济、新罗）时期，已经有了养蚕织绸、种麻和织布等技术。据金富轼编《三国史记》（朝鲜高丽王朝仁宗二十三年，总50卷）卷三十二杂志第二色服记载，当时已有罗、布、绸、绫、锦、绮、绢、氍、毹等衣料，而且有毛典、锦典、绮典、朝霞房、针房、染宫、洗宅、皮打典、靴典、麻履典等生产衣料、靴、履和与此相关的部门。可见，朝鲜三国时期的衣料主要是麻布和各种绸子，还有白布之类。朝鲜民族先人古时穿什么样的衣服尚难以详知，但从一些散见于我国和朝鲜的史籍记载中可知道"丈夫衣同袖衫、大口裤……妇人服裙襦，裙袖皆为襈"，百济"其衣服，男略同于高丽……妇人衣以袍，而袖微大"。可见朝鲜三国时期服饰，男人为上袄下裤，女人为上襦下裙。

朝鲜族的衣冠制在历史和生活中不仅受到汉民族生活的影响，也受到满族、蒙古族以及日本民族和欧洲等其他国家和民族的影响。如朝鲜族结婚时新娘头上戴的簇头里来自蒙古族风格，朝鲜族过去穿的"麻古子"是受满族马褂的影响而来，等等。

历史上，汉民族特别是汉族服饰对朝鲜族服饰的影响主要在宫廷和官宦阶层，广大的平民阶层依然保留和传承了自己的生活服饰传统。伴随着时代的变迁，这种情况有所变化。

朝鲜族传统服饰按性别和年龄区分，有一定的规律，便服和礼服有别。男性服饰为上袄下裤，女性服饰为上袄下裙。其中最具代表性的是女性服装。袄分为一般袄、半回装袄、三回装袄；裙分别为筒裙和缠裙，筒裙又分为短裙和长裙。朝鲜族女性服饰款式独特、色彩艳丽迷人，有轻盈飘逸的美感。儿童服装中最具特色的是根据阴阳五行观念缝制的彩色袖子袄，因为这种袄如同彩虹，民间称七彩缎袄。

《中国服饰文化集成·朝鲜族卷》工程始于2008年，吉林省民间文艺家协会组织专业技术人员同延边朝鲜族自治州民间艺术家协会开展了先期的理论研讨，全面规划了此卷的编撰方针和工作步骤；然后又与延边朝鲜族自治州文联、延边大学和延边民族研究所等部门组成联合考察组，进行了实际的调查工作。我们先后对延吉、图们、龙井、和龙、安图、珲春等地进行服饰情况的全面普查，采取有点有面的方式，对一些重点地区，特别是对朝鲜族生活居住较集中的县、乡进行了重点普查，而且还全程跟踪了朝鲜族一些民俗节日和村屯自然节日活动，包括家庭民俗祭祀活动和仪式。

民俗节日是朝鲜族传统服饰大展示的重要时机和场合。在这样的日子里，各类有特点有代表性的服饰集中展示，简直就是一次大型的、生动的服饰文化节。如延边"9·3"自治州州庆节、"8·15"老人节、"6·1"儿童节，和龙市"金达莱"文化节，龙井市"苹果梨花"民俗节、"御粮田"农夫节、黄牛节，安图县民俗博览会，延吉传统"大酱节"，敦化市大沟村"泉水祭"，等等，都十分典型和重要。

我们还特别选择了一些重要的礼仪活动，如婚礼、回婚礼和葬礼，还有给已故的民间艺术家上坟等仪式。这些活动不但丰富了服饰普查，而且深化了民族服饰的理论研究。同时，全面地搜集了民族服饰的类型、样式，汇集了朝鲜族服饰的种类，并从中选出最具代表性的朝鲜族服饰编选在本书里。

在先期的普查阶段，我们尽量全面地搜寻记录各种服饰样式、色彩，以及服饰在生活中作用的例子。这期间，拍摄了上万张图片，收集了百余种古服饰和民间服饰，形成50多万字的文字资料。

接下来是进行细化。细化主要是针对重点的、有代表性的服饰进行分析并归纳其特征特点。这个阶段主要是对原始照片进行归类分项，并对文字资料进行梳理。

这个阶段，还针对先期调查中存在的问题进行细致深化的专题调查。先后重点参加各种村屯民间活动、家庭民俗活动二十多次，跑遍了延边和东北朝鲜族集中之地，走访了二十多个有特色的村屯，采访了几十户有特色的朝鲜族服饰人家和服饰作坊，召开了二十多次专题座谈会，搜集到几十件服饰工具和服饰材料。通过全面的对比研究、科学分类、综合分析，终于形成了《中国服饰文化集成·朝鲜族卷》。

本卷最突出的特点是具有朝鲜族民族服饰的完整性、代表性和唯一性。其完整性主要表现在我们通过四级专家的联合工作，在普查的基础上，选择那些具有代表性的服饰载入本卷。因此，它的完整性是最具特色的。而其代表性又体现在我们寻找到的几位著名的朝鲜族服饰艺术家和传人，他们独特的传承生活丰富了本卷的内容。如我们和著名朝鲜族服饰艺术家崔月玉一同去乡下看望她的母亲。这是一位德高望重的民间老艺人，通过与她交谈，并看她亲自为儿女们讲解朝鲜族服饰，亲手裁、剪、缝，又听她讲唱服饰故事和歌谣，我们深深地理解了朝鲜族服饰的发展过程，也使得本卷内容更加鲜活，并具有了自己的代表性优势。

纪录民族服饰技艺的传承过程也是使本卷成为独特服饰文化卷的重要过程。有代表性的传统民间服饰制作大师们几乎都是从家庭的几代传承中走来的，朝鲜族服饰浓郁的生活气息和丰富民族底蕴通过她们的作品得以体现，这又是本卷独特而鲜明的特征。

2008年，朝鲜族传统服饰被列入国家级非物质文化遗产名录。

本卷不但把诸多珍贵的朝鲜族服饰集纳在一起，而且又加入了许多创新的样式，因此而成了真正的服饰文化的宝库，收藏着这个民族服饰文化的精华。从这一点说，它又是珍贵的民族文化遗产。这些文字和图片，使人们情不自禁地跟随着它走进勤劳勇敢、机智善良、能歌善舞的中国朝鲜族，感受这块土地上的多彩和朝鲜民族的善良与智慧，并和他们一起走进美好的生活。

曹保明

2020年10月

第一章
历史与文化底蕴

朝鲜族是具有优秀文化传统的民族,他们从朝鲜半岛迁入中国,开辟新的生活家园,形成了新的民族聚居区,成为中华民族大家庭的一员。一百五十多年来,朝鲜族既继承本民族的文化传统,又接受汉族及其他少数民族的文化,从而形成了独具特色的中国朝鲜族文化。

长白山天池（刘载学摄影）
延边朝鲜族自治州州花——金达莱（许先行摄影）

一、生存环境

（一）自然概况

中国最大的朝鲜族聚居区——延边朝鲜族自治州，位于吉林省东部的长白山区，其地理范围为北纬41°59′～44°30′、东经127°27′～131°18′之间，地处中、朝、俄三国交界，总面积为42,700平方千米，约占吉林省总面积的四分之一。现辖延吉、图们、敦化、珲春、龙井、和龙6市和汪清、安图2县。据2010年统计，全州总人口2,271,600人，其中，朝鲜族820,000人，占37.7%。延边是真正的边疆近海之地，全州边境线总长768.5千米（中朝边境线522.5千米、中俄边境线246千米）。

长白山脉贯穿全州，其中有盘岭、高岭、哈尔巴岭、威虎岭、英额岭、牡丹岭、南岗山等7个支脉。海拔千米以上的山峰有27个，最高峰白头山，山顶是熄灭的火山口形成的高山湖泊——天池，周围由16个峰头盆状环绕。

长白山是鸭绿江、图们江、松花江三江之源。

延边地处北半球的中温带，属于中温带湿润季风气候。季风明显，春季干燥多风，夏季温热多雨，秋季凉爽少雨，冬季漫长寒冷。

延边拥有诸多风景名胜，如长白山天池、长白瀑布、温泉群、天女浴躬池、长白林海、图们江风貌、莲塘九曲等。长白山天池，水面海拔2,189.1米，是我国最高的火山湖，风景秀丽奇特，气

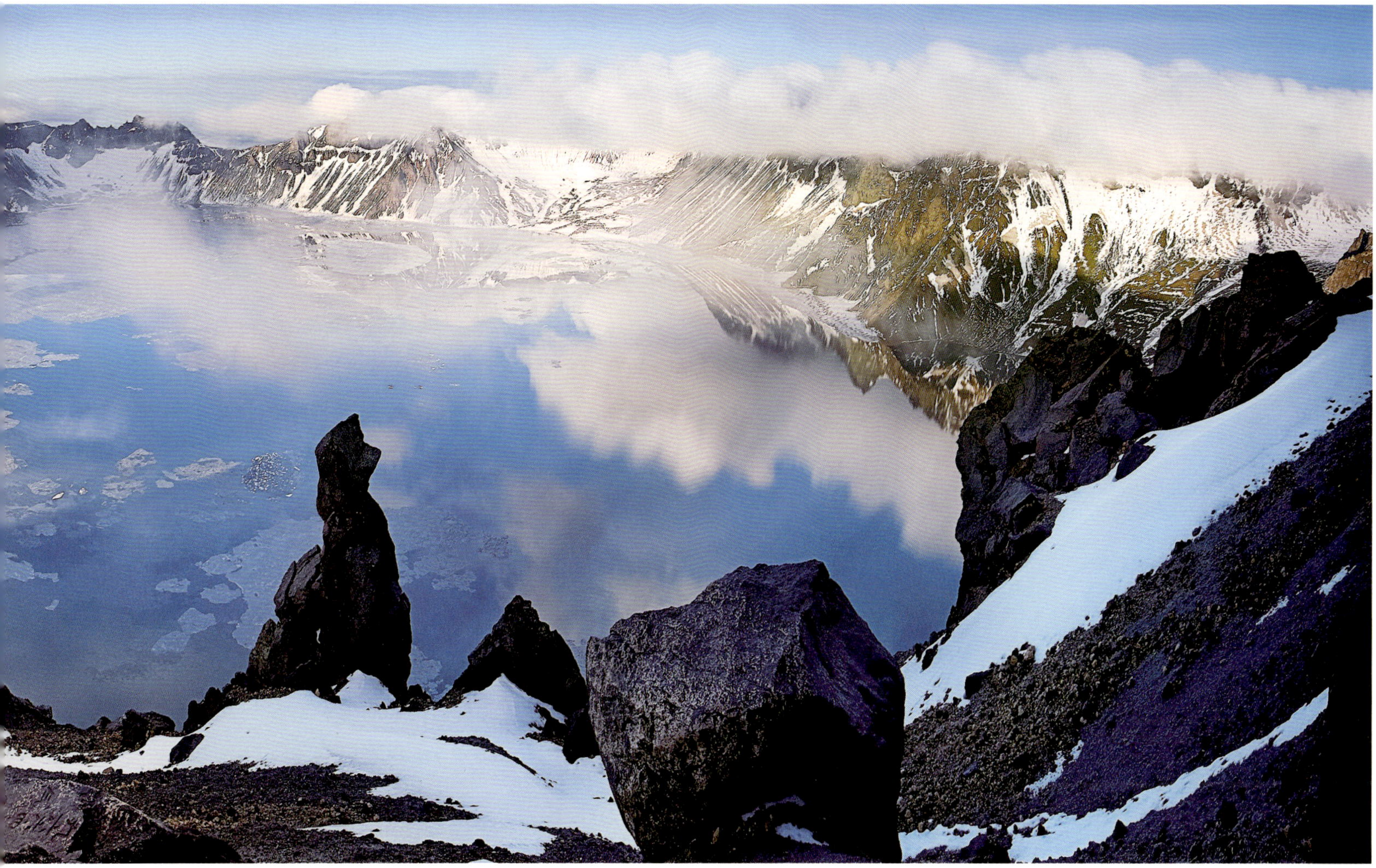

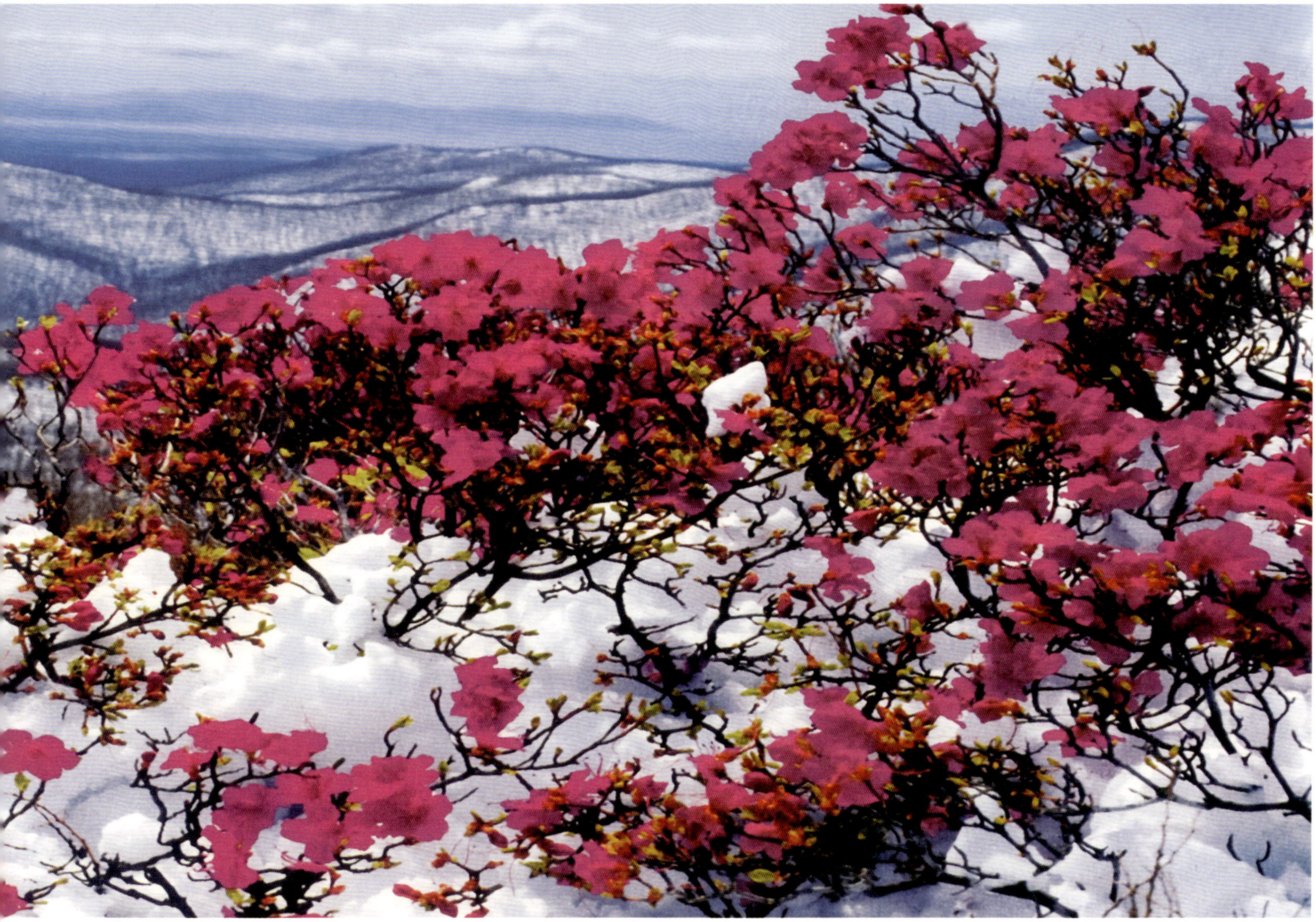

海兰江畔稻谷香（李光平摄影）
延边特产苹果梨（元秀哲摄影）

象万千。其北侧落差68米的瀑布，挂在群峰竞秀的半壁天堑上，蔚为壮观，世界罕见。

这里的特殊物产主要有苹果梨、白杏等水果，人参、鹿茸、不老草、灵芝等中草药，以及松茸、黑木耳、猴头蘑、榆黄蘑、香菇等野生食用菌，还有桑蚕、柞蚕和蜂蜜。苹果梨是延边主栽果树品种，果形大，品质好，高产耐贮，树性抗寒、适应性强，现有栽培面积一万余公顷。长白山区的土壤、植被、气候条件适合人参等中草药生长，因此其种类繁多，资源丰富，已经发现的中草药有862种。山高林密、雨量充沛、气候温和的长白山区，野生食用菌资源非常丰富，有160种之多。

延边朝鲜族自治州州树——美人松（李光平摄影）

朝鲜移民在路途中休息（李光平供图）
19世纪过图们江的朝鲜移民
20世纪10年代延边农民房屋
开辟水田种稻谷，改变东北农业结构
（引自延边海外问题研究所编著：《延边朝鲜族历史画册》，
延吉，延边人民出版社，1997。）

（二）历史沿革

最早在延边地区活动的人类是26000年以前旧石器时代晚期的"安图人"。春秋战国时期，古代民族"秽貊"人生息在延边一带。公元前二三世纪，"北沃沮"人成为延边地区的主要居民。汉武帝时期属苍海郡，后属玄菟郡。北魏以后属勿吉白山部。唐属渤海国东京龙泉府。辽属女真白山部。金属海兰路。元初属南京万户府。明初属建州卫，后属努尔干都司布尔哈图河卫。清康熙五十二年（1713年），清廷在延边设珲春协领衙门，治于今珲春，隶属于宁古塔将军。光绪七年（1881年），裁珲春协领升设珲春副都统衙门，仍治于珲春。清宣统元年（1909年），裁珲春副都统，改设吉林东南路兵备道台公署，移驻局子街（今延吉市），从此，延吉取代珲春成为吉林东部地区的政治、经济、文化中心。

自1860年以来，朝鲜北部连年发生灾荒，濒于绝路的朝鲜饥民整家全屯逃荒奔命，潜越边境，蛰居私垦。由于朝鲜移民日益增多，其居住区由图们江北岸逐步扩大到布尔哈通河、嘎呀河流域。1885年，清朝政府把图们江以北长约350千米、宽约25千米的地方划为朝鲜人专垦区。于是，更多的朝鲜移民涌入中国境内。自清朝顺治、康熙年间，清统治者以长白山为其"龙兴之地"为由，严加封禁，不许私垦、挖参、采珠、伐木和狩猎。清朝的封禁政策延续了180年，到19世纪中叶才被废除。

朝鲜人迁入中国东北后，起初主要是开垦和经营旱田。到19世纪末，朝鲜人开垦水田栽培水稻在东北取得成功，对东北水田开发做出了卓越贡献。到1909年，延边已有朝鲜人9.8万余人，占延边总人口的76.6%。

中华民国成立后，于1913年2月裁兵备道台公署，改设吉林东南路观察公署，仍治于延

1910年开拓荒地和树林的农民
水田锄草
（引自延边海外问题研究所编著：《延边朝鲜族历史画册》，延吉，延边人民出版社，1997。）
1962年延边朝鲜族自治州建州10周年庆典
（引自《延边朝鲜族自治州成立十周年庆祝大会特辑》，1992。）

吉。1914年，改吉林东南路观察公署，设延吉道尹公署，仍治于延吉。1934年12月，伪满洲国在延边设立伪间岛省公署，省公署设在延吉。

1931年"九一八"事变爆发，日本帝国主义强占了东北三省，于1932年3月建立了伪满洲国。1934年3月，伪满洲国实施帝制，改号为康德，对全东北实行殖民统治。此时，延边地区的朝鲜民族人口已有40余万。在日本帝国主义殖民统治下，朝鲜民族人民与其他民族人民一样过着牛马般的生活。但是，朝鲜民族人民在日本帝国主义的残暴面前并没有屈服，他们在中国共产党的领导下，开展了轰轰烈烈的抗日救国斗争，于1945年8月迎来了抗日战争的最后胜利。

1946年1月，根据中共中央东北局决定，吉林省和辽北省合并，成立吉辽省，下辖吉林、吉东、通化、辽北4个分省，延边为吉东分省所属。同年5月，撤销吉辽省，成立吉林省。此时，中共吉林省委和省政府从长春、吉林撤出，迁至延吉。

1948年3月，吉林省政府迁回吉林，吉东专区改为延边专区，并将专署迁回延吉，管辖延吉、和龙、珲春、汪清、安图5县。

新中国成立后，朝鲜族人民作为中华民族的一员，享有当家做主的权利，真正成为国家的主人。朝鲜族人民在党的民族政策照耀下，

生产工具——尖锄
背架
磨盘

积极投入了社会主义革命和建设。1952年9月3日，延边朝鲜族自治区成立，裁延边行政督察专员公署，成立延边朝鲜族自治区人民政府。1955年撤延边朝鲜族自治区，成立延边朝鲜族自治州。

（三）生业方式

朝鲜族是农耕民族，一向以农业生产为主，兼有狩猎、捕鱼、采集、养殖等副业。从清光绪年间（1875—1908年）开始，80%以上的朝鲜民族从事农业生产，只有一部分产业工人从事银铜矿、金矿、煤矿作业。中华民国时期，随着延边地区的工业、交通业的发展以及朝鲜民族人口构成的变化，延边朝鲜民族所从事的职业也开始多样化。尤其是新中国成立后，随着社会经济的发展和朝鲜族人民文化素质的提高，从事工、商、文教、卫生、科技等行业的人员不断增加，农业人口相对减少。据1986年统计，延边朝鲜族城镇人口占朝鲜族人口的64%，而乡村农业人口只占36%。

朝鲜族从事农业生产过程中，以家庭为单位进行生产。朝鲜民族人民迁入延边初期，背着官府开垦土地，但后来"占山户"凭借官势，利用"占荒执照"地界不明确之隙，无限扩张四至，不仅占据大量荒地，而且乘丈量土地之机，强占朝鲜民族农民开垦的大量熟地，使绝大多数朝鲜族农民变成"占山户"的佃农或雇农。于是，大多数朝鲜族农民只能租种这些"占山户"的土地，每年向"占山户"交纳收获物的50%～70%。

朝鲜族农耕生产的农具，基本上保留了朝鲜半岛的农具形态。直到新中国成立初期，所用的手工农具基本上是"三弯"（弯犁、弯锄、弯镰）和"三石"（石碌、石碾、石磨）等传统农具。典型的农具有旱田用的两牛抬一杠牵引的耕犁、水田犁以及点葫芦、短柄锄、稻镰、连枷、石碾、背架、牛车等。

移民初期农民备耕
20 世纪 50 年代初打谷场
（引自延边海外问题研究所编著：《延边朝鲜族历史画册》，延吉，延边人民出版社，1997。）

以农业生产为主业的朝鲜族，到新中国成立时仍然保持"男耕女织"的传统模式，没有明确的社会分工和行业组织，只在农忙季节有些地方出现短时的互帮组，称作"都列"。

延边地区的经济贸易始于开拓时期的集市贸易。初期只是朝鲜边民之间的物物交换。1881年封禁废除，珲春、局子街、龙井等地出现集市，发展商品交换。民国年间，集市遍布延边各地，到1926年集市达40余处。日伪时期，延边地区的集市逐渐衰弱，到1936年，集市减少到28处，集中在龙井、延吉、珲春等地。新中国成立后，集市逐渐恢复，到1952年集市发展到16处。1978年改革开放搞活经济后，集市贸易得到发展，除集市贸易外，其他形式的经济贸易也有了很大发展，包括国营商业、集体商业、私营商业、民族贸易、对外经济贸易等，都有了长足发展。

播种
插秧
收割
(李光平摄影)

清咸丰时期以后，延边地区随着人口的增加，手工业逐渐兴旺起来，酿酒烧锅、油坊、磨坊、粉坊、豆腐坊、酱醋坊、木铺、皮铺等手工作坊陆续出现。珲春、局子街、敦化以及大的集镇，都有一些手工作坊。朝鲜民族的手工作坊主要为铁匠铺、酿酒坊、制陶坊、木匠铺、粮米加工等。民国期间，延边开始出现近代工业，很多手工作坊被近代企业所代替。在日伪时期，所有国计民生被日伪所控制，日伪官商垄断经营。于是，为数不多的铁工厂、砖瓦窑、磨坊、鞋铺、成衣店、粉坊、烧锅、油坊、酱坊、土器店、木匠铺、果子铺等手工作坊，深受日伪的盘剥和压榨，在其经济"统制"政策限制下举步维艰，濒临倒闭。日本投降前，延边境内手工作坊只有500家。1945年后，延边地区的民族工业重获生机，迅速恢复生产并有较大发展。到1949年，共有个体手工业2,128户，主要从事机械修理、农具修造、日用器具、木材加工、化工、编织、家具、碾米、磨粉、酿酒、陶器、皮革、印刷、针织、缝纫、印染、食品等加工制造及服务性产业，延边成为繁华而有民族特色的文化区域。

铁匠铺（李光平摄影）
制作陶器

制作木质器皿
钉牛铁掌（李光平摄影）
牛车

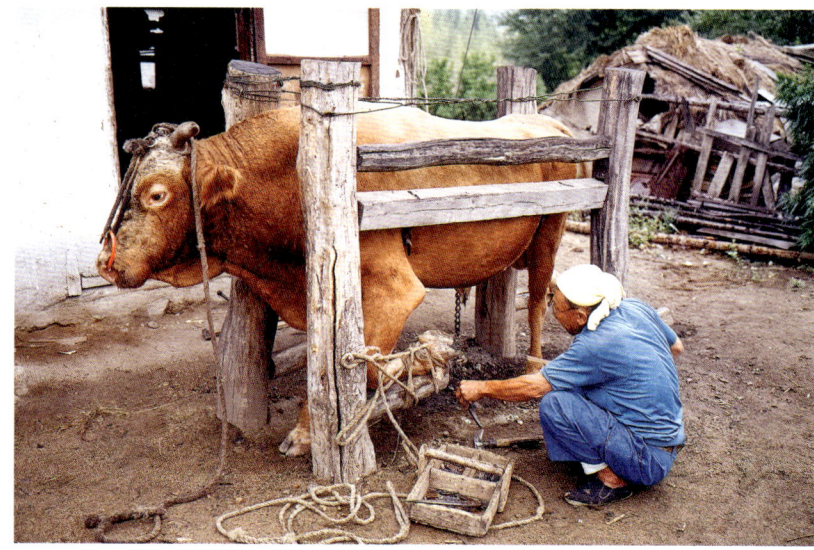

延边地区的医疗卫生事业发展较早。早在清末、民国时期，随着各族人口的增加，中医、朝医、西医和药商逐渐增多。

延边地区的交通也比较发达，公路、铁路、航空、水运等畅通无阻。清初，曾有过自吉林跨入延边通往东部边疆的驿道，还有自宁古塔至珲春、自敦化至珲春的驿道。在日伪时期，日本侵略者为了战争和掠夺，在延边境内修筑了不少道路。新中国成立后，除了养护原来的道路外，还新修通了道路。现在，国道、省道、县道、乡道，都是柏油路或者水泥路。延边自1918年开始，以"中日合资"的形式修筑铁路。1924年，日本帝国主义修筑了自老头沟至开山屯的轻便铁路，并全线通车。伪满政权建立后，于1933年至1934年，将原来的轻便铁路改筑为标准铁路。1935年7月，自图们至牡丹江的铁路开始营运。此外，还修筑了自珲春至春化、自汪清新兴至黑龙江省东宁的铁路。1940年6月，自朝阳川至和龙的铁路全部竣工通车。1974年底，自通化地区浑江至安图二道白河的铁路正式通车。现在由延边直达的列车有长春、北京、沈阳、大连、哈尔滨、牡丹江等线。

20世纪30年代1932年开始，军用航运定期运营，办理客货运输和邮件。日本侵略军在延边境内修建了敦化、龙井、瓮声砬子、图们、

20世纪30年代龙井牛市
20世纪30年代龙井市场
1962年延吉市貌一角
（引自延边海外问题研究所编著：《延边朝鲜族历史画册》，延吉，延边人民出版社，1997。）

罗子沟、珲春、延吉、朝阳川等军用机场。1945年8月，日本投降，"满航"垮台。苏军进驻延吉后，将"满航"及日军军用机场的全部设备和物资作为战利品运往苏联。1952年正式修建延吉朝阳川机场，2003年成为国际性空港，已开通飞往韩国、日本、俄罗斯多地的国际航班，以及到达北京、上海、长春等地的国内航班。

二、文化空间

(一) 文化教育

朝鲜族历来是崇尚文化、重视教育、能歌善舞的民族。

朝鲜族的文化十分发达。新中国成立后，其文学创作、书画艺术、表演艺术等都曾多次受到国家文化部的表彰。民间文化有着极其旺盛的生命力，并越来越发挥其积极的作用。民俗体育更是丰富多彩，以农乐、秋千、跳板为代表的竞技项目受到本民族人民的欢迎；民族歌舞，舞姿柔软轻盈，歌曲和谐流畅；长鼓、伽倻琴、洞箫、唢呐、笛子、锣等民间乐器独具风格；农乐舞、扇子舞、顶水舞、刀舞、假面舞也颇有盛名；民谣、打铃、盘骚里等音乐，表达着丰富的情感世界。

洞箫，用生长多年的竹竿制作而成，是纵吹的管乐器，在民间广为普及。在延边地区，有民间自发组建的不同规模的洞箫演奏团体，涌现出许多有名的朝鲜族洞箫演奏艺人，创作了朝鲜族喜爱的洞箫乐曲。

伽倻琴，朝鲜族传统的弹拨乐器。传说是由古代朝鲜伽倻国的嘉实王命于勒制作而得名。初期只在宫廷使用，后来普及于民间。共鸣箱用梧桐树制作，琴弦用蚕丝搓制，共有十三弦。其声音柔和、优雅，颇有民族特色。

长鼓，又称杖鼓，是朝鲜族代表性的打击乐器。历史悠久，高句丽壁画中就有敲击长鼓的场面。长鼓是农乐舞必备的乐器，敲击起来仿佛是起风下雨。

农乐舞，富有朝鲜族农耕文化气息的大众歌舞。吹唢呐或敲打手鼓、鼓、长鼓、锣等乐器伴奏，边跳舞边唱歌。舞蹈欢快活泼，表现出生活的智慧和农耕的喜悦。2008年，朝鲜族农乐舞列入第二批国家级类非物质文化遗产名录。

刀舞，又称剑舞，是女性手持短剑表演的舞蹈。短剑的剑柄与剑体之间有活动装置，表演者可自由甩动、旋转短剑，使其发出有规律的声响，与优美的舞姿相辅相成。刀舞原为宫廷舞蹈，后传入民间。

假面舞，戴面具表演的民间艺术。其表演综合了唱诵、对话、舞蹈等艺术形式，并具有戏剧性。假面舞多表现讽刺性内容，情节轻松、幽默。表演分7幕12场，每一幕有独立的内容。

朝鲜族有自己的语言和文字。朝鲜李氏王朝时期，第四代国王——世宗大王（1397—1450年）于1443年创制了朝鲜文字——训民正音。朝鲜文字为表音文字，由14个声母和10个韵母组成，这些字母相互结合可组成无数的音节。

"再穷不能穷教育，再苦不能苦孩子"，这句话充分反映了朝鲜族重视教育的传统。自古以来，他们就形成了一种崇尚知识、敬重师长的民族理念。过去，不论在城镇还是在穷乡僻壤，居住地附近都要办私塾或书堂，人们宁可挨饿也要把孩子送入学堂接受教育。19世纪中叶，朝鲜人冒禁迁入中国，因为生活贫困办不起学校，只能办一些简陋的私塾和学堂，对学童进行《朝鲜语文》《千字文》"四书五经"之类的伦理教育。随着近代文化的传播，加之朝鲜文化启蒙运动的影响，延边开始创办近代学校，进行现代科学文化知识的教育。1906年，李相卨等人在龙井创办"瑞甸书塾"，这是朝鲜族人民改革封建教育创办新教育的开端。从此以后，延边各地陆续创办了一些私立学校。到1927年，仅延边四县就有朝鲜民族民办学校191

所，学生7,895人。仅延吉县明东中学就有学生上千人，龙井被誉为"朝鲜族文化教育城"。

新中国成立以来，在党的民族政策指引下，延边的教育事业取得了长足发展，建成了具有区域特色和民族特点的教育体系。1949年创建的延边大学，是州内唯一一所综合性民族大学。1958年，建立了延边医学院、延边农学院。延边大学是吉林省重点大学，1996年12月正式通过国家"211工程"部门预审，被国家列为21世纪重点建设的百所高校之一。在朝鲜族人口中，每千人拥有大学生43人，是全国平均数的2倍。

（二）宗教信仰

延边地区的宗教种类较多，除天道教、大倧教、青林教、元倧教、侍天教、萨满教等朝鲜民族宗教外，还有佛教、道教、儒教、天主教、基督教、伊斯兰教等。

1. 民族宗教

天道教：天道教来源于朝鲜的东学教。19世纪后半期，随着朝鲜移民的迁入，东学教传入延边。天道教批判现实的腐败，反对日本侵略者对朝鲜民族的摧残和掠夺。天道教仪式简朴，只供一碗清水，认为水可代表天地万物。自1908年开始，天道教创办学校、建立教堂、成立宗理院，在对教徒子女进行文化教育的同时，传播天道教，宣传反日思想，扩展教势。

大倧教：大倧教原为檀君教。檀君是朝鲜传说中的始祖神。大倧教于1911年前后传入延边地区。大倧教主张人有"三真""三妄"和"三途"，圣人能够"感止""调息"和"禁触"，一意真心进入理想世界。大倧教的这种理想世界不在遥远的彼岸，而存在于吾人之精神之内。因此，人们经过修炼，便可达到。大倧教没有特别的仪式，只是朝夕为檀君牌位摆供品，不念经文。

元倧教：元倧教是20世纪20代初在延边地区产生的新兴朝鲜民族宗教派别，由金仲建创立。它以《周易》的太极说和阴阳五行说为基础。

青林教：青林教是朝鲜东学教系的新兴教派之一，于1913年后由林甲石传入延边。青林教摄取东学教的《郑鉴录》，并以此为基础，把儒、佛、道三教糅合起来，称为"无极"，以"大悟道之原理"来唤起群众，发挥其智慧，"开辟世界极乐之未来"。为此，念咒文、行礼拜、修炼心，进行自我修道。青林教传入初期，在龙井等地发展教徒，后向各地发展。

萨满教：萨满教是朝鲜民族的原始宗教，在历史上曾有过较深的影响。萨满教崇拜灵魂，认为世间所有的东西，不论有无生命都有灵魂，在灵魂众多的世界上，人们通过巫师（或巫婆）与灵魂世界对话，同灵魂和谐相处。巫师也称"巴克苏"，被认为具有特殊的能力，是沟通人类世界与灵魂世界的媒介。凡信仰萨满教的人，遇有生老病死或安抚作祟的神灵及其他需要神灵帮助的时候，都要到巫堂进行祭神仪式。早在清嘉庆年间，萨满教巫师从奉天、吉林等地来到珲春行医治病。后来，萨满教流传到延边各地，直到新中国成立，萨满教在延边仍有一定影响。萨满教巫师击鼓的拍节和动作，已被吸收到朝鲜族的音乐和舞蹈之中。

2. 其他宗教

佛教：清乾隆八年（1743年），珲春建灵宝寺。建筑面积250方丈，有佛殿3间，关圣殿3间，东西廊房8间，山门3间，钟楼2间，有僧6名。这是延边最早、最大的佛教寺院。19世纪末，延边始有朝鲜民族信奉佛教。1911年，延边地区佛教徒有2,424人。

道教：清乾隆年间敦化额穆镇郊有座关帝庙，正殿五楹，青砖黛瓦结构，硬山式。嘉庆十三年（1808年），龙门派道士在珲春高力城修建东华宫，占地380方丈，有九圣祠正殿3间，廊房6间。后毁坏无存。清末民初，延吉的德圣观、珲春的青云观、安图的拨云观和松云观、和龙的庙严宫和慈云观、敦化的武圣观等先后建立。

儒教："孔孟之道"在朝鲜民族中亦有较深的影响，经长期的历史发展，形成一种宗教。儒教每年春秋两次集会，纪念孔子，进行"祀孔"。朝鲜民族儒教教会的职务有直言、都掌议、掌议、都训长、都有司、校监、有司。教职人员按分工管理乡校、私塾和文庙。

伊斯兰教：自清乾隆年间开始，从宁古塔、吉林等地迁入的穆斯林先后在珲春、敦化、局子街、龙井等地建立了清真寺。

天主教：延边地区朝鲜族的天主教，是于清光绪二十二年（1896年）从朝鲜传入的，该地先后建立了天主教公所、教堂。1900年前后，吉林天主教会的法国神父到延吉向汉族传教。

基督教：延边地区的基督教有长老教、监理教、安息日教、圣洁教、东亚基督教、中华基督教、真耶稣教等多种派系。现在除长老教外，其他派系基督教已经消失。

三、民俗风情

我国朝鲜族民俗，传承于朝鲜半岛，既与朝鲜半岛的民俗有相同之处，又有不同之点。经历一个半世纪的岁月，我国朝鲜族形成了具有自己特色的民俗文化。

朝鲜族主要居住在东北三省和内蒙古地区，少部分散居在关内各地。不论城镇还是乡村，绝大多数与汉族以及其他民族杂居。由于长期受到其他民族，特别是汉族的影响，各地的朝鲜族民俗都或多或少地融入了汉族和其他民族的文化。

朝鲜族的先辈们来自朝鲜半岛的各道（相当于我国的省），当初带来了各道之风。在各道人中，以咸镜道、庆尚道、平安道等三道之人占绝对多数，而且各有相对的聚居区。因而，此三道人的民俗便成为中国朝鲜族民俗的三大主流，其他各道人的民俗渐渐融入此三道民俗之中。另外，各道人杂居的地区，由于相互之间的影响，形成了一种混合型的风俗。这样一来，朝鲜族的民俗大体可以划分为咸镜道民俗、庆尚道民俗、平安道民俗、混合型民俗四种类型。

（一）日常生活

在长期的生产活动和生活过程中形成的朝鲜族传统的生活风俗，集中反映了农耕民族的风格和特点。朝鲜族居民适应自然环境建起了有利于农耕的村庄，创造出既实用又便利的居住空间，也因此形成了独特

吃冷面（李光平摄影）

的饮食习惯。

1. 饮食习俗

朝鲜族的先人们在很早以前就以农业生产为主要的谋生手段。朝鲜半岛气候温和、多山、三面环海，山地生长丰富的野菜和各种禽兽，海里盛产各种鱼、贝类和藻类。这种生产方式和自然环境，造就了与之相适应的饮食风俗。以米类为主食，以各种蔬菜、野菜、海味和畜禽的肉、蛋为主要副食，这是朝鲜族长期以来的基本饮食结构。定居中国以后，随着生活环境的变化和生活条件的改善，加上受到其他民族特别是汉族饮食文化的影响，朝鲜族原有的饮食习俗也有了一些变化。

（1）日常饮食。朝鲜族日常生活中的主食，基本上用米和面做成，可分为米饭、粥、糕饼、饼汤、面条等5类。

酱是朝鲜族日常生活中不可缺少的食品，它与"给木气"（泡菜）、小咸菜构成了朝鲜族日常食品的三大要素。19世纪中叶，朝鲜王朝时期的学者洪锡谟《东国岁时记》（10月条）里记载，夏季腌酱、冬季腌"给木气"是人们家庭生活中的大事。由此可知，朝鲜族以酱和"给木气"为主要副食的习俗由来已久。朝鲜族的酱类有大酱、兄妹酱、清麹酱、辣椒酱、清酱（酱油）等。朝鲜族有一句谚语："须会腌制十二种泡菜，

打糕（李光平摄影）

才能成为受人称赞的儿媳妇。"由此可以看出泡菜的种类之多以及泡菜在朝鲜族日常生活中的重要性。鱼酱类也是朝鲜族日常生活中常见的食品，主要有虾酱、明卵、明太酱、肠卵、食醢等。

（2）特别饮食。在朝鲜族的饮食中，具有特殊风味的食品很多，其中广为世人称道的有糕饼、打糕、冷面、狗酱汤等。

朝鲜族的糕饼通常用米面蒸制而成。蒸类糕饼有发酵的和不发酵的两种。发酵的有蒸饼和发糕，不发酵的有蒸糕、松饼、切饼、死面饼、倭瓜糕、土豆粉包子、柞树叶饼、苏子叶馅饼、冻土豆饼等。

打糕又称引绝味、引绝饼、粉糍、豆糕，是朝鲜族在喜庆日子里必不可少的食品。把糯米蒸熟，在糕槽或石板、木板上用木槌推压捶打，直至不见整米粒为止。然后盛入盆里，用刀揪割成小块，四周蘸上熟黄豆面或小豆沙（掺白糖）盛在盘子里，或者把揪割的糕块装在盛有黄豆面或豆沙的盘子里，吃的时候蘸上黄豆面、豆沙或白糖、蜂蜜。黄米或黏高粱米也可以用来做打糕。在日常生活中，每当孩子们参加升学考试或就业考试时，家长都要做打糕。在朝鲜语里"录取"的语音及语义与"粘贴"相同。因为打糕有黏性，借以象征"录取"。

"冷面"一词最早出现于洪锡谟的《东国岁时记》里："用荞麦面沈青菹、菘菹和猪肉名曰冷面。"这一文献传递了如下几个信息：其一，冷面的产生与泡菜紧密相关，把压制的荞麦面条放入泡菜汤里吃便是冷面。其二，最初的冷面以荞麦面做主料。其三，朝鲜族吃冷面的历史至少有二百年左右。

朝鲜族的先人们早在18世纪已经有了吃狗肉的习惯。在现在的风俗中，狗酱汤依然是三伏天的最佳

朝鲜族传统的八间瓦房（李光平摄影）

食品。朝鲜族虽然喜欢吃狗肉，但在观念上认为狗肉上不了大雅之堂，因而在过去，狗肉只作为补身和解馋的食品，不作为喜庆和年节食品。近年来，这种观念有所改变，有的人在过生日或庆贺六十花甲时也吃狗肉。

(3) 糖果和酒类。朝鲜族每到冬季喜欢熬糖，并用糖和其他食品配制各种糖果和掺糖食品。糖类有糖稀、饴糖、条糖等。糯米、高粱米、玉米、土豆等都可以用来熬糖，其中最常用的是玉米。

朝鲜族的先人们早在朝鲜三国时期就已懂得酿酒。直到20世纪60年代以前，朝鲜族聚居的农村，每逢年节，或遇有红白喜事以及春季插秧等农忙季节，几乎家家户户都要酿酒。朝鲜族的家酿酒主要有浊酒、清酒、土酒等。还有一种家酿酒叫甘酒，又称甜酒，用大米饭酿制。把饭泡入凉水里，掺入适量麦芽粉，经过一天左右便可饮用。这种酒味道甜酸，没有醉人之力，是盛暑季节民间常用的清凉饮料。

2. 居住习俗

朝鲜族有独特的居住习俗，选择依山傍水、背风朝阳、环境优雅的地方建房，多为土木结构的瓦房或草房，排列井然有序。一般就地取材，修建屋顶为悬山式、庑殿式、歇山式的房屋。屋内分正厨、上屋、下屋、里屋、库房、牛舍、碓房等，还配有外廊。其居住空间按家庭成员性别和年龄构成，体现了"男女有别""长幼有序""尊老爱幼"的传统观念和生活秩序。

朝鲜族典型的八间大瓦房是歇山式，综合了悬山式和庑殿式的优点，通风性好，而且美观。屋脊外观中间平如行舟，两头高高翘起如飞鹤，呈现出大屋顶的曲线美。瓦当的纹饰主要为朝鲜族喜爱的三太极纹

朝鲜族村庄（李光平摄影）

和无穷花纹等。朝鲜族住房的墙壁无论是内墙还是外墙都为白色，所以从远处就可以辨识出朝鲜族的房屋和村落。在传统的建筑中，无论是门还是窗都带有纵横交错的细木格子，朝鲜族对这种细木格子十分讲究，力求大方，整齐美观。

朝鲜族房屋中，内部结构最显著的特点就是以火炕取暖，火炕的面积约占整个房屋面积的三分之二，并且以木制拉门为隔断，把炕分成几个单元。在上古时，朝鲜族崇拜日月星辰，这对人们的居住形式产生了一定影响，认为"日""月""口"等文字都代表着吉祥，所以各房间无论如何组合都会呈现出"日""自"字形，"月"字形或"口"字形。

朝鲜族住宅另一显著特色就是讲究厨房的摆设，在碗架柜上整齐地摆放着各种餐具、器皿，十分整洁。过去，朝鲜族男子不能进厨房，家庭主妇把饭菜恭敬地送到男人各自的房间去。上屋是主人居住的房间，下屋是老人房间，又可做书房，有时也用作客房。里屋为新婚夫妇或闺女居住，库房和里屋紧挨着，主要存放米和杂物。

碓房是粮食脱壳、磨面的地方。过去，许多朝鲜族人家把牛棚也设在住宅内，这是因为朝鲜族在长期农耕生活中对耕牛有着特殊感情的缘故。

（二）人生礼仪

人生礼仪是朝鲜族民俗的重要组成部分。人的一生中，成长与教育、出仕与婚姻、家族与信仰、祝寿与离世等轨迹，都有着独特的礼仪规范和生活秩序。朝鲜族的人生礼仪主要包括出生礼、婚娶礼、祝寿礼、丧祭礼等。

1. 出生礼

朝鲜族把出生视为人生的开端，在孩子出生前后都要举行相应的仪式，祝愿孩子顺利出生、健康成长。

(1) 致诚。婴儿出生后，在屋檐下的房门顶上拉一道反搓的稻草绳，谓之"禁绳"，表示禁止外人进入。第三天，向产神祈祷多赐奶汁，谓之三日致诚。第七天，在外屋摆一张小饭桌，上面放一碗米饭、一碗海带汤、一碗"井华水"（凌晨赶在别人之前打来的井水或泉水），由祖母或外祖母跪在桌前向"产神奶奶"祈祷。三七日致诚结束，宴请邻里、亲朋中的老年妇女。妇女们前来赴宴时，一般赠送一绺白线团。主人将受赠的白线团连接成锁链形，横拉在屋内，象征婴儿长命百岁。

(2) 百日。婴儿出生100天，设宴庆贺，谓之"百日宴"。用大米面蒸制白雪糕，切成小块装在木盆里，由婴儿的祖母顶到村外的路边，赠送给100名来往行人。在朝鲜语里，"白"和"百"音同，这里均有长命百岁的寓意。

(3) 抓周。婴儿一周岁生日时，要设宴庆贺。周岁生日宴的主要事项是行抓周礼。抓周是朝鲜族格外讲究的一周岁生日仪式，也是朝鲜族人人生第一次"接大桌"的仪式。这天，给孩子穿上漂亮的民族服装，摆放有各种物品的礼桌，桌上放米糕、水果、大米、红豆、线团、钱、笔和书、弓箭（女孩则放尺和针线盒或剪刀），算盘，让孩子任意抓自己喜欢之物，以预测孩子的将来。这种习俗体现了父母对孩子的深深爱意和对孩子未来的衷心祝福。桌上摆放的东西均有一定的寓意，弓象征武功，剪子象征手艺，书笔象征文才，算盘象征富裕，白雪糕象征心地纯洁，打糕象征意志坚强，松饼象征经纶满腹，红高粱面饼象征驱鬼避邪。抓周习俗至今仍在朝鲜族中盛行。

2. 婚娶礼

古时候，朝鲜族曾长期实行"男归女家婚"。结婚时新郎先嫁到新娘家，在新娘家居住一段时间，而后再带领妻子返回自己家居住。到了朝鲜王朝（1392—1910年）以后，儒学家们认为这是一种"阳反从阴""天地倒置"的陋习，极力主张效仿中国实行结婚当天就把新娘接回新郎家的"亲迎"方式。但因习惯势力的阻碍，难以推行。于是采取折中办法，制定出了"半亲迎"方式：新郎到新娘家举行婚礼，第三天带领新娘返回自己家再举行一次婚礼后常住。这种婚娶习俗成为近代朝鲜族平民百姓阶层的主要婚娶方式。20世纪50年代以前，在我国朝鲜族中"半亲迎"式与"亲迎"方式并存。新中国成立以后，"亲迎"方式完全取代了"半亲迎"。

朝鲜族传统的婚娶形式可分为议婚、醮礼、后礼三个阶段。

(1) 议婚。主要靠媒妁之言，男女两家若有意结亲，首先要对照小伙子和姑娘的生辰八字预卜吉凶祸福。若无凶兆，由男方书写婚书，作为订婚凭证。在结婚半个月前（或在结婚日），男方向女方赠送礼状函（彩礼箱）。

(2) 醮礼。相当于结婚典礼。结婚这天，新郎身着大礼服，手执大锦扇（或遮扇，用以遮脸），骑马前往新娘家。结婚典礼在新娘家院子里搭建的醮礼厅举行，首先向新娘家递送礼状函和木雁。新娘的亲人把木雁放在一张短腿小桌上，新郎跪在桌前双手横握锦扇轻推木雁三次，此谓"奠雁礼"。据说大雁一旦丧偶不再另找配偶，所以奠雁礼象征永恒的爱情。大礼包括夫妻交拜礼和合卺礼两项。房前立一排屏风，前置一张高腿交拜桌。桌子两端各放一个花瓶，插上青松绿竹，两瓶之间连以红蓝彩线；桌子中间放两只分别用红绸和蓝绸裹着身子的活鸡（一公一母）。交拜桌源于古代祭天的纛祭桌，象征夫妻交拜，合卺是向天盟誓。举行交拜礼时，新郎站在交拜桌的东侧，新娘站在西侧。新娘先向新郎跪拜两次，新郎答拜一次，如此反复一次，此谓侠拜，象征夫妻相敬相爱。"卺"是把一个小葫芦剖成两半做成的酒杯，新郎新娘各执一个互相敬酒，象征两人从此同心同德。礼毕，新郎进入外屋，先向炕面掷木雁，如果木雁卧着，预兆头胎将会生儿子；如果木雁侧卧，预兆头胎将会是女儿。这是一种用以增添欢乐气氛的游戏。接着，新郎上炕接受大桌。大桌是专为新郎和新娘设的筵席。古时候，结婚筵席的大小程度"几至方丈"，故称大桌。大桌上摆放丰盛的食品，其中最显眼而且有特色的是嘴里叼着红色尖椒的一只昂首而卧的整鸡（蒸熟的公鸡）。尖椒象征男性，红色象征阳性（避邪）。鸡是大桌上的吉祥物。传说在朝鲜半岛建立新罗国的第一代国君朴赫居世诞生时，由一匹白色天马保护，王后阏英夫人由鸡龙所生。所以朝鲜族结婚时新郎骑白马，把鸡当做吉祥物。新郎吃饭时，饭碗里埋入三个剥了皮的熟鸡蛋，新郎只吃两个，留下一个给新娘吃，新娘在新郎家接受大桌时也是如此。鸡蛋象征多子多福。

（3）后礼。包括于归、妇见舅姑、再行等礼仪。举行婚礼的第三天，新娘跟随新郎前往新郎家，此谓"于归"。此时，新郎骑马新娘坐轿，新娘一行到达大门口时，花轿要越过稻草火堆进院，谓驱鬼避邪。新娘进屋后接受大桌。第二天上午进行新娘拜见公婆和见娘家长辈的舅姑礼。新娘向公婆和其他长辈近亲敬酒磕头并赠送衣料等礼物。第三天，新娘与新郎携带一些食品前往新娘家拜谢新娘的父母，谓之"再行"（即归宁）。在新娘家住一两天后返回新郎家。

现今实行的新式婚礼大体包括议婚、结婚典礼、后礼三个阶段。男女订婚主要靠自由恋爱。城市的婚礼均在婚礼厅举行，包括新郎新娘交拜、饮交杯酒、互换礼物、新郎新娘向双方父母致敬、接受大桌等礼仪。后礼阶段的礼仪跟传统方式大体相同。

3. 祝寿礼

朝鲜族自古以来就把尊重老人视为家庭乃至整个社会生活中的重要礼节。因此，每当遇到老人花甲和回婚的日子，都要举行盛大的祝寿宴。

（1）花甲宴。花甲宴是为纪念60周岁生日而举行的贺宴，又称换甲宴、还甲宴、周甲宴、华甲宴，是朝鲜族最为隆重的人生礼仪。这种习俗产生于17世纪中叶至18世纪中叶。过花甲一般以男性为主，丈夫过花甲时，妻子即使不到60周岁也要一同过花甲。儿女们要给过花甲的父母做一套新衣服，自己也要穿上干净的衣服。过去的花甲庆典通常在自家的院子里举行，现在则在礼仪厅举行。正面悬挂写着"某某与某某花甲宴"的横额，下面立一排屏风，前面陈设丰盛的花甲席，桌子中间放两只叼着红枣的整鸡（蒸熟的鸡，一公一母）作为吉祥物。过花甲的夫妻二人坐在正席中央，丈夫坐左侧，妻子坐右侧。花甲老人的兄弟姐妹、亲家等近亲以男左女右的位序陪坐在主人公两侧。花甲礼由一名司仪主持，首先介绍花甲老人的简历与主要成就，而后向花甲老人祝贺。子女和亲朋以先亲后疏、先长后幼、先男后女的排序敬酒磕头，女儿们祝"爸爸、妈妈长寿！"宾客们祝贺时，敬酒并鞠躬。在祝寿的过程中，穿插歌手演唱，子女和近亲们不时地出来跳舞，场面十分热闹而欢快。

（2）回婚礼。回婚礼是朝鲜族人一生中重要的礼仪之一，但不是什么人都能举行的，只有福寿双全的人才有可能举行。举行回婚礼须具备三个条件：其一，时限为结婚60周年；其二，必须是原配夫妻；其三，

丰富多彩的节日文化（李成飞供图）

所生子女都健在。回婚礼是60周年前婚礼的重演。旧式回婚礼是旧式婚礼和花甲宴的结合体。举行回婚礼这天，老夫老妻都打扮成新郎新娘模样，在院子里举行奠雁礼、交拜礼、合卺礼，共同接受丰盛的回婚席。此时儿女亲朋们分别向老夫老妻敬酒磕头致贺，文人墨客们则献诗称颂。

4. 丧祭礼

自古以来，朝鲜族将孝道视为万行之首，非常重视丧礼和祭礼。传统的丧礼主要包括属纩、小殓、大殓、成服、迁棺、发靷、出殡、安葬、立碑等程序。安葬时要请风水先生选择墓地，棺材放入墓穴时，山区则头部朝山顶，平地则头部朝北。祭礼包括忌祭、时祭、俗节祭等，在正月初一要行祭祀祖先的"茶礼"，寒食、端午、中秋等节日则前往祖先墓地扫墓祭祖。

土葬是朝鲜族自古以来的主要葬俗。朝鲜族的先人们对土葬的解释是"葬者藏其骸骨，不暴露也"。认为只有祖父母安于地下，子孙才能够得到安宁，如同木之扎根于地下，枝叶才能得以发荣滋长。

在此要特别介绍的是"成服礼"。去世后的第四天，即进行大殓的第二天，死者的子女及其他亲属正式穿丧服并举行成服祭祀，谓之成服礼。穿着丧服之后，站在灵座前号哭。丧服分为斩衰、齐衰、大功、小功、缌麻五种。中国朝鲜族的丧服只分为丧制服与服人服两种。死者的配偶与直系亲属称作"丧制"，旁系亲属称作"服人"。

目前，居住在我国各地的朝鲜族绝大部分实行火葬。火葬的礼俗，各地有所不同，归纳起来主要包括招魂、殓、出丧、火化等程序。

(三）节庆游艺

在长期艰苦的农耕生活中，朝鲜族创造出丰富多彩、具有浓厚娱乐情趣的民俗游艺，以此来消除劳作的疲劳，每逢年节和庆典的日子，也靠这些游艺活动来增加喜庆气氛。

1. 岁时节令

朝鲜族传统岁时节日有十多个，其中主要的是旧历年、正月十五、寒食节、端午节、秋夕等。除此而外，上巳、流头节、七夕、百种节、重阳节、冬至等也是传统的节日。

（1）旧历年。正月初一称作元日、正初，民间称之为"阴历年"，是传统节日中最受重视的节日。旧历年从腊月三十开始，这天夜里不能睡觉，谓之"守岁"。天亮后，先举行茶礼，再进行岁拜（拜年）。岁拜分为家拜和村拜。家拜是儿孙们给爷爷奶奶和父母磕头。孩子们给长辈们磕头时，长辈人要赏给压岁钱。吃完早饭后进行村拜。所谓村拜是给亲戚家的长辈们和村里的老人们拜年。老年人要给前来拜年的青年人斟酒答谢，并说些"做了发财的梦没有"之类的吉利话，此谓"德谈"。按照传统风俗，过旧历年时开展跳板、农乐游戏、放风筝等民俗活动。但因气候寒冷的关系，绝大多数人习惯于在屋内进行象棋、围棋、数斗（筮）、戏、花斗之类的游戏。

（2）正月十五。正月十四日称作"小十五"，主要的活动有立禾秆和预测旱涝等。把稻草或谷草捆成小捆，切去梢。用秫秸扎成各种谷穗和豆荚模样，插在草捆上。用一根长木杆顺着插入稻草捆，竖在仓库旁或粪堆上。等到农历二月一日（长工节）把谷穗全都拿下来"打场"，借以象征五谷丰登。正月十五早晨，人人都要嗑一两个榛子之类的坚果，此谓"咬疖"，借以象征一年不长疖子。有的人咬麦芽糖块，谓之固牙糖，借以象征牙齿不闹毛病。吃早饭时，无论大人小孩都喝一杯酒，称作"聪耳酒"。正月十五的传统主食是黏米饭和五谷饭。

正月十五的民俗活动包括石战、拔河、火把戏、走桥、冰滚、踩人桥、踩地神、望月、烧月亮房、掷月亮、放风筝等。其中最主要的是望月和烧月亮房。正月十五这天，到山上砍来一些松树枝，在村外的空地上立几根木杆，绑成三角形支架，再把松树枝横绑在支架上，称作"月亮房"。到了傍晚，人们纷纷登上高处等待望月。据说谁先看到十五的圆月，谁就会交好运。当一轮圆月冉冉升起时，人们争先高喊："看见月亮啦，看见月亮啦！"随即把月亮房点燃，而后围着熊熊烈火，一边赏月，一边敲锣打鼓，尽情地跳舞欢乐。

（3）寒食与清明。冬至过后105天称作寒食日，清明是二十四节气之一。二者有时相差一天，有时赶在同一天。寒食是祭祖的节日，唐朝时期传到朝鲜半岛。因为朝鲜族十分重视孝道，所以把寒食节作为重要节日传承下来。中国朝鲜族直到20世纪60年代以前仍在寒食节扫墓祭祖，但因受汉族的影响，逐渐改为清明上坟。过去，在寒食节除了扫墓以外，还开展足球比赛等体育活动。

（4）端午节。农历五月五日为端午节。朝鲜族在古代把端午节用汉字标记为"戌衣日"。"戌衣"是朝鲜语"车轮"的音译，在农历五月五日吃的节日食品是形同车轮的圆形艾叶饼，戌衣日由此而得名。艾叶饼俗称蒿子糕，在大米面里掺和蒿子的嫩叶蒸熟后，如同打糕一样捶打而成。

在朝鲜族传统节日中，端午节是开展各种体育活动最多的节日。其中最主要的是妇女们的跳跳板、荡秋千和男人们的摔跤。

(5) 秋夕：农历八月十五日称作"秋夕"。秋夕同清明、端午一样，是祭扫祖坟的传统节日。这天要用新粮、新果祭奠，谓之给祖先"荐新"。朝鲜族有句谚语："穿衣愿像结婚时，饮食愿像秋夕节。"其意思是：要讲穿衣，结婚时穿得最好；要讲饮食，秋夕节吃得最好。在各类家畜肉中，朝鲜族最喜欢吃的是牛肉。但因牛是农家最亲密的帮手，平日里轻易不肯宰杀。但在秋夕节里朝鲜族村屯普遍杀牛，每家每户都能享受牛肉汤的美味。居住在城里的人们，这一天普遍吃牛排骨汤。秋夕节吃的传统糕饼是松饼。

2. 游戏竞技

朝鲜族传统的民俗游戏种类繁多，可分为成年人游戏和儿童游戏。成年人游戏主要有棋、数斗（笺）、戏、花斗、斗牛、斗鸡、摔跤、跳板、秋千、拔河等。少年儿童的游戏较为常见的有放风筝、石战、转风轮、滚铁圈、支冰爬犁、打陀螺、踢毽子、跳绳、勾线、尺子游戏、弹玻璃球、翻纸片、贯钉、打搂、田字棋、井字棋、八道棋、对垒棋、跳猴皮筋儿、踢石子、玩石子、捉迷藏、骑"马"、追敌战、赢地等。

（1）摔跤。摔跤是朝鲜族最具代表性的男性民俗游戏。这种游戏在朝鲜半岛的三国时期就已得到普及，距今有1700余年历史。摔跤游戏在中国朝鲜族之中也很早就得到普及，而且从20世纪10年代开始，延边的一些县镇陆续把摔跤游戏纳入体育运动会的比赛项目。2006年，朝鲜族摔跤正式列入全国少数民族传统体育运动会的竞赛项目。

（2）秋千。又称"半仙之戏"，是朝鲜族妇女最喜爱的体育项目和游戏之一。起初只是宫女们的游戏，后来传播到民间，尤其在端午节举行，后来逐渐变为体育运动会的比赛项目。乡村荡秋千时，往往把秋千拴在粗壮的树枝上，但正规比赛时要立秋千架。1986年，秋千正式纳入全国少数民族传统体育运动会竞赛项目。2006年5月，朝鲜族秋千被列入国家级非物质文化遗产名录。

（3）跳板。又称板舞戏、超板戏，是朝鲜族妇女特有的健身游戏，至今已有2000多年历史。妇女们玩跳板游戏的起源，有两种说法：其一，某女子为了能看到被囚禁在狱中的丈夫创造了跳板；其二，被禁锢在深宅大院的姑娘们为了能看到院墙外的世界创作了跳板。在朝鲜族的传统节日里，旧历年和正月十五都要举行跳板活动。2006年5月，跳板被列入国家级非物质文化遗产名录。

（4）柶戏。柶戏古称樗蒲，从朝鲜王朝初开始称作柶戏。柶戏是朝鲜族男女老少都喜欢玩的一种游戏，可以进行个人之间的比赛，也可以进行团体比赛。玩这种游戏要有柶、筹马、行马图三样东西，进行比赛时，根据掷出的点数在行马图上行马。假如掷出了"道"，把马放在第一站，或在原有的站点上向前行进一步。假如掷出的是"冒"，可以把马放到第5个站点或在原有的站点上向前行进5步。行马的路径长短不一，最短的路径共有11个站点，第二条路径共16个站点，第三条路径共有20个站点。掷柶必须掷到点子上，不然就会走入第二或三条路径。行马时，可以单马行进，也可以把几个马叠放在一起行进。行马时如果恰好赶到对方的马所在的站点，可以把对方的马吃掉，而且有权再掷一次柶。按照上述规则，出马（即走出行马图）快而多者为胜。

第二章

服饰渊源与特征

朝鲜族服饰，历史悠久、源远流长，也是我国五十六个民族的服饰百花园中独具特色的一朵鲜花。朝鲜族服饰，适应于朝鲜族的生存环境和自然气候条件，充分反映出朝鲜民族的体质特征和亮丽、洁净、优雅的民族情趣。

朝鲜三国时期（公元前2世纪－公元5世纪）的服饰

一、历史缘起

远古时期，朝鲜民族的先人们曾经历过"编木叶为衣，以度寒暑，掩湿遮羞"及"麻衣草食"的阶段。到了朝鲜三国时期，他们已经懂得养蚕织绸和种麻织布。据《三国史记》（卷三十二杂志第二色服）所载，当时已有罗、布、绸、绫、锦、绮、绢、氎、罽等衣料。而且有毛典、锦典、绮典、朝霞房、针房、染宫、洗宅、皮打典、靴典、麻履典等生产衣料、靴、履和与此有关联的部门。直到高丽朝末期，平民百姓阶层的主要衣料是麻布和苎麻布。1363年，高丽的文益渐出使元朝，回去时从中国带去十几粒棉花籽，并在高丽试种成功，从此开始了棉布生产。高丽朝时，"其国自种苎麻，人多衣布"，而且"颇善织文罗"，但"不善蚕桑，其丝绒织纤皆仰贾自山东、闽浙来"。到了朝鲜王朝时期，于1415年建立养蚕所和织造社，从中国求来蚕种，经过多年的努力推广，丝绸生产得到了发展。可见，麻布、纻布、绸布、棉布等从古以来一直是朝鲜民族的主要衣料。

朝鲜民族的先人们古时穿过什么样的衣服，尚难以详知，只能从一些散见于我国和朝鲜的史籍记载中略知一二。

高句丽：丈夫衣同袖衫、大口裤……妇人服裙襦，裾袖皆为襈。

百济：其衣服，男略同于高丽……妇人衣以袍，而袖微大。

新罗：男子褐裤，妇人长襦。

从上述文献资料中看出，男人上袄下裤，女人上襦下裙。但从高句丽时期的壁画上看，当时女人也有穿裤者。到了朝鲜王朝世祖王时期，封建统治者们认为"盖衣裳之制，所以别男女贵贱也"，把女人穿男人衣服称作"妖服"，只准女人穿裙子，禁止穿裤子、长衣等男人服饰。于是，男女服装迥然有别，从此男人上袄下裤、女人上襦下裙。

古时，朝鲜民族被称为"东夷"，那时的风俗属于夷俗，衣冠之俗属于左衽之俗。当时的统治者们认为夷俗属于落后的弊俗，有必要加以改革。于是在新罗真德王二年，派遣伊餐金春秋朝唐，请求"改其章服以从中华制"，"三年春正月始服中朝衣冠"。文武王四年春正月，"下教妇人亦服中朝衣裳"。在此以后，高丽朝和朝鲜王朝时期也都效仿过中国的服制。据史籍记载，高丽朝时，"郑梦周还自中原，始传纱帽团领之制"。到了朝鲜王朝时期，封建统治者把衣冠之制同国家的政治联系起来，提出："大抵为治之道，莫大于文教，教人之方，莫大于礼仪，未有衣冠不整而能正心者也。"于是再次强调效仿中国的服制。但因其效仿只求"大概相同"，其结果是同中国的服制比较起来，"长短体样差殊"，最主要的问题是"其长曳地""袖阔而长"，在日常生活中诸多不便。到了朝鲜王朝末期，高宗皇帝的生父大院君掌控朝政以后，改革服制，把肥而长的衣身和袖子改得短而瘦，使朝鲜族传统的服装得到定型。

朝鲜民族的衣冠之制，在历史上不仅受到汉民族的影响，也曾受到我国满族、蒙古族和日本民族以及

欧洲等其他国家和民族的影响。高丽朝忠烈王娶元朝的公主为王妃，蒙古族的一些风俗传入高丽。朝鲜族结婚时新娘头上戴的簇头里，垂于长簪两端的宽发带，以及戴耳环、脸上搽胭脂等风俗，均来自蒙古族风俗。朝鲜族过去穿的"麻古子"来源于满族的马褂，妇女穿的紧腿裤子本是日本女裤，坎肩原为欧洲人的内衣。历史上，外民族特别是汉族服饰对朝鲜族服饰的影响，主要是在宫廷和官宦阶层。广大的平民阶层基本上传承了自己的服饰传统，并在此基础上顺应了时代的变迁，有了新的变化和发展。

二、时代演变

居住在我国的朝鲜族，在清朝时期、民国时期（包括日伪统治时期），不仅在政治上受压迫，在风俗上也受到种种歧视和限制。清朝光绪十六年（1890年），清廷颁布"剃发易服"令，强令朝鲜人剃满族头，穿满族衣服。当时朝鲜族人口中绝大多数为农民，为了取得租地权，他们在村里推荐若干名代表"剃发易服"，向地主租地来耕，其余的人则仍穿着民族服装。有关清末时期延边地区朝鲜民族的服饰状况，《朝鲜族简史》（北京，民族出版社，2009年）里作了这样的记述："据1907年3月调查，当时延边的朝鲜人中，有十分之二的人由俄国西伯利亚迁入，他们受近代文化影响，仿作俄国人'断发'或留发，服饰'半洋半韩'或韩装，十分之五的人则为封建地主的佃户，'髻发胡服'或'辫发白衣'，与清人相同。只有十分之三无土地当佃农并向清朝缴纳各种赋税的人，仍保持'白衣黑冠'。"

民国时期，奉系军阀政府从 1927 年 1 月开始，对朝鲜民族采取驱逐政策。时年《吉林省及东省特别区长官之命令》（见王慕宁编译：《东三省之实况》，36 页，北京，中华书局，1929）中要求"特别区内，禁止朝鲜人着白色衣服，所着以中国服、西装为限"，"违反以上规定者，即行放逐"。日伪时期，日本人唆使一些无赖之徒，趁朝鲜族结发的老人熟睡之际剪掉椎髻，每交一束椎髻赏赐二角钱（相当于当时普通工人的一天工资）。但是这些做法都未能改变朝鲜族服饰习俗，直到 20 世纪 40 年代，不论男女，大多数人仍然身穿本民族的服装。

20 世纪 20 年代中期以前，男人的穿戴是：夏穿麻、冬穿棉；脚穿布袜、草鞋、麻鞋或木鞋。有钱人或有一定身份的人出门时外穿长袍（周衣），夏戴黑笠，冬戴挥项（又称护项，一种露顶的防寒帽），上戴黑笠；一般人出门时则穿普通衣裤，头裹白色毛巾。女人的穿戴是：夏季，上穿麻布或苎麻布汗衫，脚穿草鞋或麻鞋；冬季，穿棉布衣裙，布袜、草鞋或麻鞋。到别人家串门时，身披包婴儿的薄被子。有钱人家的妇女出远门时，外穿长袍（周衣）。此时的衣料主要靠家庭手工生产，由于缺少彩色衣料，年轻妇女结婚时，上身穿白色绸衣，下身穿用红花汁或枫树叶汁染了花点的花裙子。到 20 年代末，一些年轻人开始穿中山装和西装。原来，朝鲜族男人在成年之前留辫子，系红发带或黑发带（比女人的发带稍窄），到成年时结成椎髻。但到此时，剪掉了辫子和椎髻，年轻人留分发头，年岁大的人剃光头。进入 30 年代中期以后，中山装和西装在男青年之中更加流行。此时因受日本服装的影响，中年妇女们普遍穿起了紧腿裤子。居住在图们江和鸭绿江沿岸一带的部分妇女开始穿朝鲜生产的胶皮"勾勾鞋"。老年妇女在秋、冬和早春季节，

20世纪初的日常服饰（引自延边海外问题研究所编著：《延边朝鲜族历史画册》，延吉，延边人民出版社，1997。）
20世纪初妇女日常服饰（李光平供图）
20世纪30年代女子日常服饰（李光平供图）

喜欢在上衣外面套穿缝制得十分讲究的坎肩。这个时期已经大量出现棉布、绸缎等高级衣料，但由于生活贫穷，朝鲜族百姓的衣料仍以麻布、苎麻布、更生布为主。这种状况延续到40年代末。到50年代，棉布成为朝鲜族的主要衣料。但在农村，每到夏季，身穿麻布或苎麻布衣服的人仍随处可见。

直到20世纪50年代，朝鲜族服饰仍保留男性上袄下裤、女性上袄下裙，不论男女均以周衣作为礼服的传统模式和喜着白衣的特点。进入50年代以后，以周衣作为礼服的人逐渐减少，女性穿裤代裙的情形越来越多，穿一身白衣的人也逐渐少见。

20世纪80年代以后，随着改革开放政策的实施，朝鲜族的服饰也逐渐融入世界服饰文化的潮流之中。人们在服饰上不再单纯固守传统的民族服饰，开始追求种类多样、颜色多彩、款式新颖、穿着舒适的新时尚。在中青年男子和知识分子阶层中，较为流行的是西装和夹克以及各种休闲服；在老年男子中，穿各种休闲装的居多。中青年妇女喜欢穿适合自身体型和肤色的时髦衣服，老年妇女则喜欢穿款式和色彩都比较朴素的衣服。进入90年代以后，"改良韩服"融入朝

20世纪40年代男子长袍（引自延边海外问题研究所编著：《延边朝鲜族历史画册》，延吉，延边人民出版社，1997。）

20世纪10年代男子日常服饰（引自延边海外问题研究所编著：《延边朝鲜族历史画册》，延吉，延边人民出版社，1997。）

鲜族服饰文化之中，成为新时尚。所谓的"改良韩服"，是把传统上袄的飘带改为纽扣，把掩式衣襟改为对襟，因而穿起来比传统的上袄更为方便，但是缺乏传统服饰的飘逸感。改良后的裤子与传统的裤子相比较而言，裤裆小，裤腿瘦而短，下端为紧腿式。唐衣本是宫中的女子们穿的衣服，衣身长而造型独特，比普通上袄显得更加优雅。如今在延边地区，传统服饰是在婚礼、花甲宴等人生礼仪中穿的礼服和在节庆活动以及各种民俗活动中穿的民族服饰。在延吉市，各个宾馆和朝鲜族饭店的服务员，均以改良的民族服装作为工作服。日常生活中穿传统服装的人已不多见。

三、综合特征

在人类的物质文化生活当中，穿着和饮食同等重要。最初，衣服是为了遮挡寒冷、强光、害虫，即是为保护身体而产生的。通过长期的演变、发展，形成独具特色的服饰文化。纵观朝鲜民族历史，朝鲜民族的服饰，在远古时期便粗具形态，进入朝鲜王朝时期便形成了有别于其他民族的基本特征。

朝鲜民族服饰，在着装的基本构成和衣服的形态方面具有独特性。

改良后的各种服饰(李光平、曹保明摄影)

棉布男上衣
棉布男裤子
麻布女上衣
麻布裙

朝鲜民族的传统服饰，具有明显的性别、年龄和季节特征。女装简洁亮丽，轻盈飘逸；男装雍容文雅，宽松大方。男女服装迥然不同，男人穿裤，女人穿裙。衣服的款式、颜色也有区别，男装的特点是裤裆和裤腿都较肥大，这与朝鲜族在室内席地而坐的风俗有关；女装的特点是袄短裙长，袄的长度刚能遮住胸部，裙长及脚跟。男装的颜色单一而朴素，以白、灰、棕、浅绿、浅蓝、粉红等颜色为常见；女装的颜色则多彩而亮丽。

朝鲜民族的服装有较明显的季节之分。女子，夏季多穿单薄的衬衫或短襟袄——则羔里；春秋季节多穿夹袄——夹层则羔里或绗缝则羔里；冬季多为棉袄。另外，在秋冬和冬春之交，多穿薄棉袄。衣服的季节之分，一般体现在衣料的质地和色彩方面。春、秋、冬季为用棉布、绸缎做的衣服，夏季为用粗麻、苎麻布做的衣服。

朝鲜民族服饰在结构上，斜襟、无纽扣，以长飘带打一个漂亮的结。朝鲜族服饰的轮廓线一般以直线为主，在外观上不强调体态本身的轮廓，更为讲究的是衣服整体的直线美、和谐、自然、优雅。

朝鲜民族服饰，在外观上有突出鲜明的民族性。

朝鲜民族自古以来就喜欢穿白色衣服，素有"白衣民族"之称，喜着白衣的风俗具有悠久的历史。对于朝鲜族衣白风俗，有三种不同的说法：一种是，中国商朝时期的贵族箕子流亡到古朝鲜国当国王时穿了白色衣服，于是当时的朝鲜臣民效仿他穿起了白衣。第二种说法是，朝鲜民族的先人们在远古时期崇拜太阳神，因为太阳光是白的，所以衣服的颜色也选择了白色。第三种说法，认为朝鲜民族的衣白风俗源于多种因素：其一是缺乏彩色衣料，朝鲜民族自古以来的主要衣料是白色的麻布、苎麻布和棉布；其二是朝鲜的三国、高丽、朝鲜王朝时期的服饰制度禁止百姓穿华丽彩色的衣服；其三是朝鲜族自古以来"其俗皆洁净"。综合起来看，朝鲜族衣白风俗有如下渊源：

20世纪初的白布服饰（李光平供图）
20世纪中期的白布服饰（李光平摄影）

第一，源于百姓生活的贫穷和彩色衣料的不足。一个民族在一定的历史时期穿什么样的衣服，不能超出当时社会的生产能力。在交通和贸易很不发达的古代社会更是这样。游牧民族只能衣裘披毡，农桑的民族可以穿布着棉，衣布帛的民族起初也只能穿白色衣服，以后随着衣料和颜料生产的不断发展，才能逐渐穿上各种颜色的衣服。因而在古代，不仅朝鲜民族穿白衣服，汉、满等民族也都曾穿过白衣服。

朝鲜在三国时期以前便"知田桑，作棉布"，但那时候的衣料生产能力是极其有限的，远远满足不了人们生活上的需要。《魏书》记载，高句丽"土田薄瘠，蚕农不足以自供，故其人节衣食"，"衣布帛皮"。那时的衣料生产主要靠家庭手工劳动，生产能力本来就很低，每年还要向官府交纳五匹布的税，所以衣料紧缺，价格昂贵。据《三国遗史》（卷九十四）记载，当时在都城市场，用三十至五十石稻谷才能换取一匹布。新罗时期的"阔衣"是嫔妃及公主们穿的礼服，这种衣服只是衣面用了绸缎，里子则是粗白布。嫔妃公主尚且如此，平民百姓能否穿上比粗白布更好的衣服，那就可想而知了。

20世纪10年代着装
20世纪30年代婚礼服饰
（李光平供图）

到了高丽朝时期，衣料生产有了一定的发展。每年举行"八关斋"活动时，"贾人曳罗为幕，至百匹相连以示富"。但这毕竟是少数巨商富贾。从整个社会的情况看，这个时期的衣料生产能力仍然是很低的。据《宋史》（列传二百四十四）记载："少丝蚕，苎直银十两，多衣麻。"《海东绎史》（韩致奫、韩镇书编，朝鲜李氏王朝纯祖二十三年，公元1823年）（卷二十）也记载，高丽"衣皆素白而布缕多粗，裳则离披而襞积衣疏"。由此可以看出，当时的衣料主要是质地粗糙的白色麻纻布，人们穿的衣服也颇为褴褛。《海东绎史》（卷二十）又载："旧传高丽仿唐制衣碧，今询之非也，盖其国贫俗俭，一袍之费，动准白金一斤。每经瀚濯再染，色深如碧，非是另一等服也。"从这段记述来看，仿唐制的"碧袍"不是指普通老百姓的衣服，而是指下层官吏们的制服，因为当时的老百姓普遍穿的是白袍而不是碧袍。官吏们穿一件碧袍都这样困难，那么普通老百姓就更是穿不起了。

从上述情况可以看出，古代朝鲜族衣白习俗的形成，首先是与当时衣料的匮乏，特别是彩色衣料的缺

20世纪70年代的白色服饰（李光平摄影）

乏和百姓生活的贫穷有直接关系的。

第二，源于封建社会的服饰等级制度。虽然未见史料记载朝鲜的历代服饰制度也像中国的汉、唐、宋时期那样规定平民百姓只许穿白衣，但是，朝鲜自三国时期以后的服饰制度都是从中国学去的。新罗在真德王二年（648年）曾派遣金春秋到唐朝学唐人的服饰制度，自此改变原来的"夷俗"而实行了中国的服饰制度。在这过程中，为了效法华制不走样，历代王朝都曾派人到中国学习或聘请中国人赐教。从百济、新罗、高句丽时期所制定的服饰制度来看，在禁止庶民百姓衣彩方面，跟中国的历代的服饰制度完全一样。通过这些情况我们不难推断，在对待"白衣"的问题上，朝鲜的封建统治者们也会效法中国封建统治者们的观念，因而对于庶民百姓除了只许穿白衣。

在朝鲜，服饰上的这种等级制度直到19世纪末才被革除。这个时期，封建的生产关系和等级制度渐趋瓦解，资本主义的生产关系开始萌发。这种新的生产关系促进了生产力的发展，使衣料生产比以前有了很大的进步。生产关系和生产力的变化，加之这个时期掀起的新文化运动，服饰习俗也发生了巨大的变化：服饰上的等级观念被消除了，不但允许而且提倡人们穿各种彩色衣服。但由于习惯本身的顽固性，在此后很长时期，人们仍未改变穿衣白的习惯。

第三，源于以净为喜的生活习俗。朝鲜民族自古以来以洁净为喜，白色所具有的这些特点正好吻合了朝鲜民族的生活习俗。对于朝鲜民族以洁净为喜的生活习俗，在我国的史籍文献上都有记载：《北史》（卷九十四）记载，高丽"俗洁净自喜，尚容止"；《高丽古都徵》（卷二）记载，"旧传高丽其俗洁净，至今犹然……晨起必先沐浴而后出户"。这种"洁净自喜"的生活习俗正是朝鲜民族喜着白衣的内在因素。

朝鲜民族的衣白习俗在一代一代的传承中，成为了民族自身的象征。这是朝鲜族老百姓喜着白衣的又一个重要因素。尽管历代封建王朝的统治者们屡下不许衣白的禁令，然而白衣习俗却在庶民百姓之中绵亘不绝，从古传承至今。

第三章

服饰材质与类型

朝鲜族传统服饰的材质主要有麻布、苎麻布、棉布、绸缎等，它综合反映出当时的经济环境和物质文化水平以及民族的审美情趣、价值观念。朝鲜族服饰样式丰富、种类繁多，按功能可分为日常服饰、礼仪服饰、表演服饰，涉及服饰文化的方方面面。

苎麻布，6股、7股、11股、14股，用于夏季服装或内衣、丧服

一、材质选取

（一）材质史迹

过去，朝鲜民族服装的材质，主要包括棉和麻在内的植物性纤维。除了棉、麻以外，还有绸和苎麻。考古发掘和文献资料考证，朝鲜半岛在新石器时代已有织麻的痕迹。绸是古朝鲜时期、棉是14世纪开始、苎麻是新罗时期开始使用的。据史料记载，朝鲜民族的祖先——古代秽民族，已经懂得了种麻养蚕，织麻布、绸布。扶余国的白麻、辰国的宽麻布比较出名。

经过朝鲜三国时期，到了高丽时期，麻布依然主要的衣料。在高丽末期，虽然种植了棉花，但是当时还没有用棉花纺线织布的技术，麻布仍然占据了服饰的主要位置。朝鲜李氏王朝时期，织麻布技术达到了鼎盛。其中，咸镜北道的"北布"、庆尚道的"岭布"、江源道的"江布"很有名。

朝鲜三国时期，养蚕织绸布技艺有了进一步发展，出现了有纹样的绸布，

苎麻布，7股、9股、10股
染植物颜色的苎麻布

已有了锦、罗、绢、绸、纱、绡、绫等衣料。经过高丽时期和李朝时期，绸缎生产有了相当的规模。

在高丽时期，苎麻生产有所发展。据文献记载，当时苎麻布品种很齐全，有细苎麻布、5股苎麻布、6股苎麻布、7股苎麻布、纹饰苎麻布、白苎麻布、黄苎麻布等。朝鲜李朝时期，苎麻布生产普及，主要用于夏季衣服的制作，称为"夏布"。其品种有漂白夏布、生夏布、平纹夏布。

棉布也是主要的衣料之一。最初只在朝鲜半岛南部栽培棉花，后来推广到中部地区，到了朝鲜李朝末期，除了咸镜道以外的大部分地区都种植了棉花，木棉衣料可用于四季服装。另外，兽皮也被用作衣料，其中，以鹿皮和狗皮衣服较多。

麻布是用大麻的纤维织造的布，也是朝鲜民族的服装史上最早的衣料。苎麻布是用苎麻的纤维织成的布，苎麻的纤维比大麻的纤维更有韧性，织出的布比大麻布薄而白，适合于裁制妇女夏季穿的各种外衣。1945年东北光复以前，中国的朝鲜民族主要靠两条渠道获得苎麻布：一是从朝鲜购入或用大麻布从朝鲜商贩那里换取；

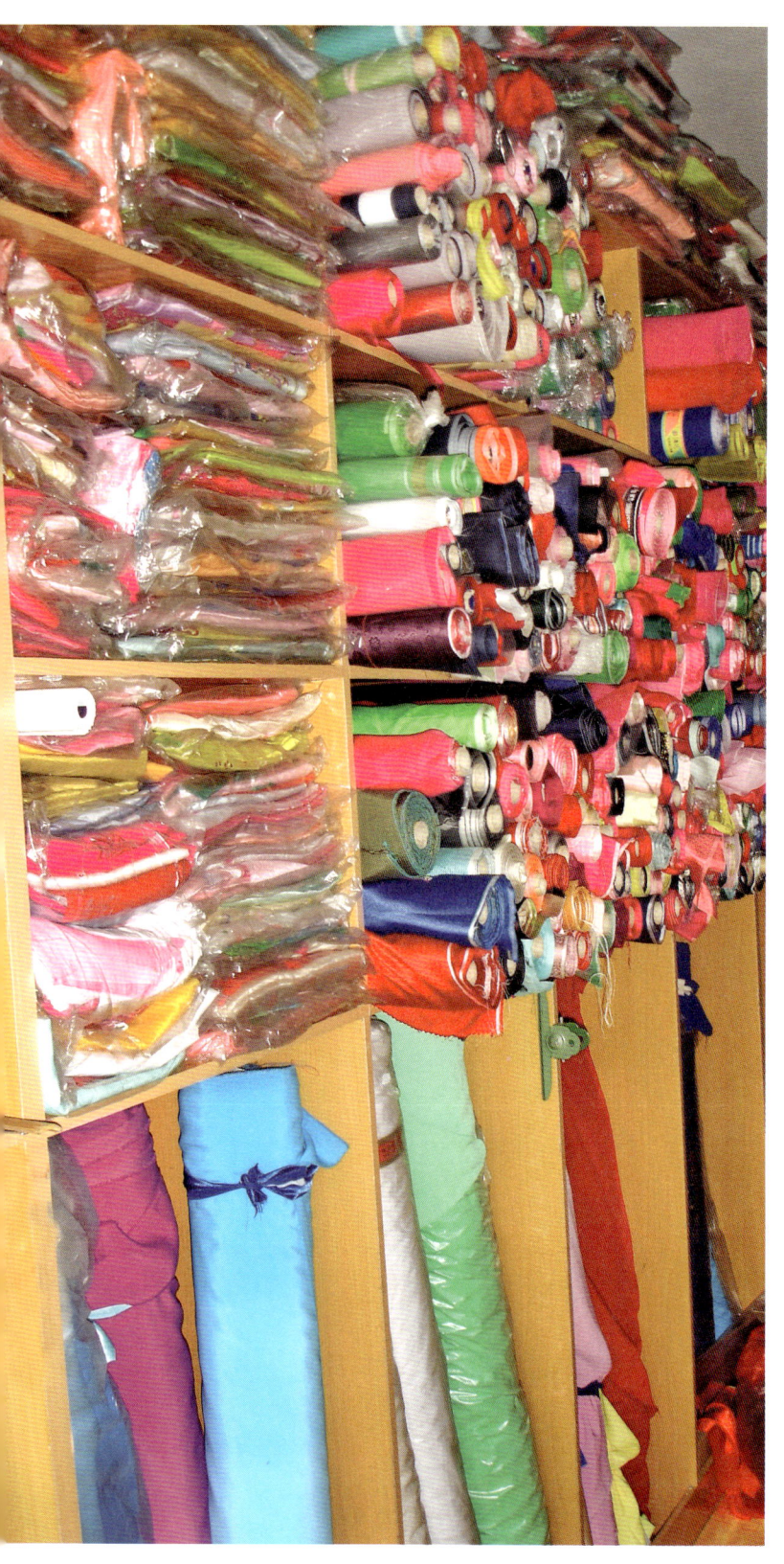

绸缎布料（曹保明摄影）

二是自己栽种苎麻织布。据史籍记载，1917年仅延边一带的苎麻产量达四五十万斤。苎麻的产量虽然如此之多，但从实际调查的情况看，朝鲜民族中亲手织造苎麻布的人却不多见。由此可以推测，当时种植苎麻主要是作为织布的原料输送到外地。

新中国成立以前，我国朝鲜民族农民占朝鲜民族总人口的90%以上。农民的生产方式基本上是男耕女织，男人从事田间劳动，女人从事织布和家务劳动。当时朝鲜民族生产麻布的情况，史籍有如下记载：

不论哪个地方，麻布织造在韩人农家（指当时居住在东北的朝鲜农民，下同——著者注）之中普遍盛行……织造麻布的原料大麻……韩国农民比中国农民种植得更多。韩农少者种植一亩，多者种植数亩。1917年间岛地方（指延边地区）的大麻种植面积约计六百二三十町步，相当于耕地面积的0.7%……不生产麻布的地方几乎没有。按平均计算，10户韩人农家之中，备有三四台乃至七八台织布机。当时间岛地区织造麻布机的总数共计一万三千七八百台。可以推测，随着韩人的不断迁入，织布机的数量也将继续增加。那些织布机都是各家各户自己制造的，制作一台的材料费约计二元五角钱。在物价上涨以前的1914年，约需一元七角至二元钱。在间岛地区，织造麻布的规格不尽一致，因而难以准确地统计尺数。各家织造的麻布，一半作为自家使用，一半用以贩卖。当时麻布的总销售额达十四五万元。销售麻布的主要方法是，韩国的商人们从元山、镜城、茂山等地带来粗棉布或其他物品与织造麻布的农民家里进行交易，到第二年5月开始织造麻布以后，再来取走相当于交易额的麻布。（玄圭焕：《韩国移民史》，第285～286页，韩国三和印刷株式会社，1976）

生产麻布的过程是，秋季收割大麻，冬季纺线，

吉林九台张家染坊村
染坊后人
妈妈的老麻线团
（曹保明摄影）

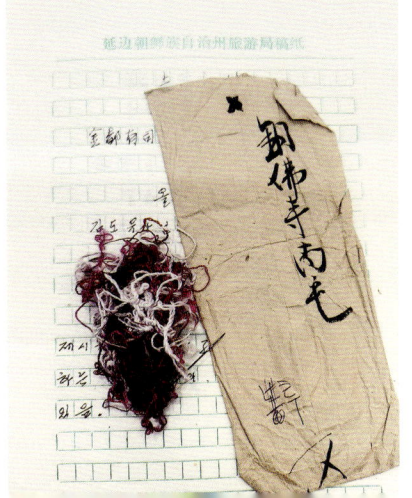

第二年四五月份织造麻布。

麻布可分细布和北布（粗麻布）。细布1疋的幅宽1.2尺乃至1.3尺，长19尺至23尺。北布1疋的幅宽1尺左右，长35尺至37尺。织造麻布用工量大，而所得的利润却不多。但是自古以来织造麻布就是朝鲜农村的副业生产，这已成为传统风俗，因而朝鲜人即使到外地，也固守这一传统的风俗。

棉布是仅次于麻布的主要衣料。东北光复以前，朝鲜民族获得棉布也靠两条渠道：其一，用麻布从朝鲜商贩手中换取或购买棉花织布；其二，居住在吉林省集安市一带和辽宁省一带的朝鲜民族中，有些人自己种植棉花织布。从朝鲜各道（朝鲜半岛的祖居地）人的衣料生产情况看，咸镜道人自古以来善于织造麻布，平安道、庆尚道等其他各道人则善于织造土棉布（更生布）。麻布和苎麻布主要作为夏季的衣料，棉布主要作为冬季的衣料。

在东北光复以前，绸缎主要是从外地购进，但朝鲜民族自己曾养蚕织造过，特别是延边地区，历史上这一地区最早发展养蚕业的就是朝鲜民族。对此，历史文献有如下记载：

在延边地区最早开始养蚕的是二道沟附近的韩农李恒。以后，于1924年春，经朝鲜人民会之手把桑苗分配给"笃志家"，使养蚕业变得更加活跃。可惜这一年由于遇到罕见的干旱，绝大部分桑苗枯死。第二年即1925年，桑苗生长良好，收获蚕茧51石，1926年收获的蚕茧增至146石有余。

在延边地区，1925年的养蚕户共计322户。1926年达到679户，比上年增长2倍多，从事养蚕的人从上年的419名（男72名，女347名）增至1194名（男369名，女825名），增加2倍。其中男子养蚕人数比上一年增加5倍之多，由此可以看出养蚕所得的利益高于其他副业的利益。（玄圭焕：《韩国移民史》，第286～287页，韩国三和印刷株式会社，1976）

从上述记载看，早在20世纪20年代中期，延边地区朝鲜民族的养蚕业已经得到可观的发展。但是同苎麻布生产一样，朝鲜民族中亲自织造绸缎的人并不多。由于当时生活水平低下，多数人难以购买绸缎，因而绸缎成为贵重衣料，平民百姓只能在举办婚礼时给新娘做一套衣裙，而日常生活中的衣料则仍以麻布、棉布、苎麻布为主。

（二）生产工序

过去，麻布在朝鲜民族服饰原料中占了很大的比例，平民阶层的日常服饰就是麻衣或棉衣。以麻布为例，介绍生产工序。

1. 麻的种植

芒种时分翻地。用木槌打碎土块之后起垄，垄距5寸左右。用锨头在垄台上开沟、播种。在相当于一个手掌大小的面积上撒播七八粒种。如果撒得太稀，麻秆将会长得又粗又黑，降低麻皮质量；如果撒得过密，麻秆又会长得矮小纤细，麻皮质量也不好。覆土一寸左右，不镇压（也不用脚踩）。

幼苗长到一寸左右时铲一遍草，并对幼苗进行间苗。

到旧历七月份进行收割。收割时全家人一起出动，各有分工。有的收割，有的打捆，雄麻、雌麻分别打捆。把捆好的雌麻梢朝里摆成圆形，人坐在中央用木刀（两面带刃）刷掉麻叶。把刷掉叶子的麻秆按长

调选麻线
纺线

圈麻线

麻线上糊

短分出上、中、下三等分别打成捆（挑出最矮细的麻用以捆绑，捆的直径约有50厘米）。把上、中、下三等麻搭配起来按家庭人口分份儿。分份儿时口称"这是大媳妇的份儿，这是大女儿的份儿……"每人都用布条或苞米棒里层叶等物对自己分得的麻捆进行标记。

2. 蒸麻剥皮

收割之后，为了便于剥皮，要用蒸石法对麻进行处理。几家人合伙在离水源较近的河边挖一个大坑（称为蒸麻灶），坑深3米左右，一头为圆形（相当于灶），一头为长方形（相当于坑）。先在圆形坑底部堆放一层厚厚的干柴，上面横放较粗的木头，再堆满大石头。在长方形坑的两侧，间隔一定距离顺向摆好垫石，垫石上横放木头（木头的长短跟坑的宽度差不多），上面麻梢相对地顺向堆放麻捆，再用土封严。圆形坑处和长方形坑相接的地方，砌筑若干个通气孔。用土封严麻捆之后，在圆形坑点火，木柴燃烧起来之后，在堆积石头处的中央留一个直径为33厘米左右的喷火口，其余地方全部用土封盖，防止热气外漏。等到烈火把石头烧红之后，用土填塞火口，同时往圆坑的内侧周围和中央以及圆形坑与长方形坑交接处浇灌凉水。凉水与灼热的石头接触之后立即变成热气，并通过通气孔进入长方形坑内。第二天扒开土抽出一根麻检查是否容易剥皮，如果

织布

容易，则扒开土层取出麻捆。如果还不大容易剥皮，则再停留一段时间。取出的麻捆，各家分别运到自家院内进行剥皮。来不及剥皮的麻打开捆晾晒（四五天左右），晒干之后，防止雨淋。剥皮时先把麻捆在河水或水坑里浸泡一天。将剥下之皮挂在绳上面晾干，而后拧成卷保存起来。

3. 纺线织布

在男耕女织的年代里，纺线、织布是妇女们的一大工作。冬季的农闲期，每家每户都忙于纺织。首先备好布线。把麻皮撕成细丝，并把一根麻丝的头和另一根麻丝的梢揉搓在一起衔接起来，用纺车纺成线，缠成线绺，用草木灰水浸透之后堆放在热炕头，盖上被子、衣服之类停放一夜。其次上线。第二天拿到河里冲洗掉草木灰和麻丝的外层皮。晾干之后，涂刷一层豆浆小米粥（豆浆里掺入少量小米熬成的稀粥），防止起毛，干了之后便可以上机织布。麻布质量的好坏在于麻丝，麻丝越细，质量越好。民间一般用股（升）来表示麻布的质量档次，股是布线粗细的计量单位，一股为40个线孔，一个线孔穿2根线。因此，一股以80根线来组成。麻布一般有5股～15股。最好的麻布为15股麻布，股数越低质量越差。有一种麻布称作粗布，是用枲麻皮织成的。这种麻布质地粗糙，但比普通麻布结实，一般用来做小孩儿衣服或装米的口袋。纺线织布的工具有纺车和织布机，纺棉花线时，先用轧棉车脱出棉花籽然后纺线。

日常服饰——上衣（女）之一
日常服饰——上衣（女）之二
日常服饰——上衣（男）

二、服饰的功能类型

（一）日常服饰

朝鲜民族日常服装形式多样，按性别与年龄，可分为女装、男装、老年装、青年装、童装；按穿着的场所，有便服与礼服之别。

女装的上衣主要有袄、汗衫、坎肩、长衣，下装主要有大裆裤、套裤、裙子。

袄在朝鲜语里称"则羔里"，衣领同衣襟连成一条斜线，领子上面有一条窄小的白色领边，可以随时拆洗，便于保持清洁。衣襟右掩，没有纽扣，前胸部位的内里与外表各有两条衣带。内带细而短，起纽扣的作用；外带宽而长，主要用于修饰，颜色也往往比袄的本色更深更艳。穿着时先系里带，后用外面的左右两条衣带在前胸右侧打一个活节，余下部分重叠在一起垂至小腹。女袄有普通袄、半回装袄、三回装袄之分。除衣领和衣带，其他部分均为同一种颜色的属于普通女袄；袄的领口和袖口不同于袄本色的叫作半回装袄；除了领口、袖口，腋下部位也用别种颜色的衣料缝制的叫作三回装袄，袄带也采用同一种颜色的衣料，一般采用紫色或蓝色。穿女袄时只系胸带，如果同时穿衬衫和薄汗衫，则不能是厚而肥大的衬衣。袄又

日常服饰——裙子之一
日常服饰——裙子之二
日常服饰——裤子

分单袄、夹袄、棉袄。夏季穿单袄，春秋穿夹袄，冬季穿棉袄。

汗衫是只在夏季穿的上衣，圆领口、对襟、系纽扣，衣袖瘦而较短。

朝鲜族的坎肩源自英、法等欧洲人穿的内衣，朝鲜民族穿坎肩始于朝鲜王朝末期。坎肩有单坎肩和夹坎肩，做坎肩一般用锦缎、华达呢、羔羊皮等较为高级的衣料。羔羊皮坎肩外面衬以灰色、棕色或褐色锦缎，正面衣襟钉有两个椭圆形琥珀扣，穿在身上格外文雅，因而，在20世纪60年代以前一直是老年妇女的时髦外装。

长衣是妇女们出门时披在头上用以遮脸的一种衣服。身份较低阶层的妇女们普遍披长衣，但中国朝鲜族妇女中披长衣者罕有，因为绝大多数妇女是穷苦阶层的劳动妇女，出门无须遮脸。在东北光复以前，妇女们冬季出门时往往头披背小孩用的襁褓。

长袍在朝鲜语里称作"都鲁麻基"，用汉字记为"周衣"或"周莫衣""周遮衣"。据说朝鲜族的长袍源于蒙古袍。朝鲜高丽朝时期士大夫阶层穿长袍，当时称为"白苎袍"。后来到朝鲜王朝末期的甲申年（1884年）服制改革以后，长袍成为朝鲜男女普遍穿的礼服。长袍不论男式还是女式，其款式均与朝鲜族的袄

劳作服饰——上衣（男）
劳作服饰——上衣（女）
劳作服饰——裤子（男）

20世纪60年代妇女日常着装
20世纪70年代老人日常服饰（李光平摄影）

20世纪80年代妇女的日常着装（李光平摄影）

儿童日常着装

劳作服饰——裙子

相似，只是长度比袄长得多。做长袍的材料，一般选用布料或华达呢，颜色用白色或灰色。中老年男子穿长袍时，一般戴礼帽。长袍既是便服又是礼服。

朝鲜族非常讲究劳作时的服饰。肥大的裤裆和裤腿就是为了便于劳作。男人的裤子因裤裆和裤腿都很肥大，所以需用裤脚带（丝带）系紧裤腿。出远门或参加生产劳动时，还要在小腿上裹上类似套袖的"行缠"。

朝鲜族童装，其款式与成年服装差不多。童装的衣料多为粉、绿、黄等颜色鲜艳的锦缎。有一种童装叫作彩色袖子袄，袄袖部分用好几种不同颜色的缎条缝制而成。这种童装穿在身上，宛如彩虹披身，格外好看。

女子的裙子有筒裙和缠裙。筒裙又分短裙和长裙。短裙刚过膝盖，长裙长及脚跟。筒裙上端与类似背心的白色上衣相连，因而称作背心裙。穿着时从头部向下套下来。缠裙上端有腰带连接，因而又称腰带裙。缠裙的一侧没有缝合，穿着时把掩在外

日常服饰——姑娘装
传统黑白服饰
(李光平摄影)

面一侧的上端稍微提起，掖入腰带里。过去的裙子布料质地比较柔软，直线下垂。现在的裙子选用富有弹性的布料，以斜线下垂，呈喇叭状，更加文雅大方。

在服饰的颜色上，朝鲜族自古以来喜欢淡雅亮丽的颜色，不喜欢浓重而灰暗的颜色。这种观念来自朴素的、崇尚自然的生活习性。传统的朝鲜族服装，尤其是女装，如果是袄与裙采用不同的颜色，就十分讲究颜色的和谐搭配。比较常见的为：粉红袄、浅红裙、黄袄、蓝裙、玉色（浅绿色）袄、银灰色裙、草绿色袄、红色裙、红色袄、银灰色裙、绿色袄、红色裙、白色袄、黑色裙。有的有花纹，有的无花纹，花纹有刺绣的和印染的。传统的花纹多为花草虫鱼之类，现在的韩服花纹一般为似云非云、似草非草、似花非花的抽象纹样，而且隐约可见，通常印在袄袖的末端和裙子的下端。

男孩周岁生日服饰
女孩周岁生日服饰
（李光平摄影）

（二）礼仪服饰

1. 百日服

婴儿出生一百天，换穿一身洁白的衣服，谓之百日服。"白"与"百"朝鲜语读音相同，象征长命百岁。百日服的款式，不论男孩女孩，均为普通对襟衫，但比较宽松，衣领为圆形翻领。婴儿过百日时均身穿百日服摄影留念。

2. 抓周服

婴儿过周岁生日时，男孩身着袄裤，女孩身穿袄裙，称为周岁生日服。不论男孩女孩都穿彩条袖子袄。这种袄的袖子纹样呈红、黄、白、蓝等不同颜色的斑纹状，所以古时又称斑衣。这种袄源自古代阴阳五行学说的五行颜色观，含有免灾招福的吉祥寓意。在朝鲜族的传统观念中，黑色是凶色，不吉利，所以彩条袖子袄不用黑色，通常用红、白、黄、草绿、粉红、蓝、紫等颜色搭配。其中以

传统的新郎婚礼服饰（李光平摄影）

红、白、黄、蓝为主色，其余的颜色为次色。袄袖的彩条数目或为三，或为五，或为七，最多可达二十一条。最初的彩条袖子，用各种彩色布条拼接而成，后来随着印染技术的发展，直接在衣料上印染彩条。

3. 嫁娶服

新郎的传统婚礼服是"纱帽官带"。纱帽指乌纱帽，官带指穿官服时所系的腰带。据《朝鲜王朝实录》（孝宗王八年春正月癸丑）记载，高丽朝时期的大臣郑梦周（1337—1392年）从中国带回中国明朝时期的官服。以后，高丽王朝末期和朝鲜王朝时期均以纱帽官带作为官服。人们认为结婚如同科举及第一样，

传统的婚礼服饰（李光平摄影）

是一生中最荣耀的事情，所以朝廷允许百姓在举行婚礼时新郎穿官服、新娘着公主服。

传统的新娘婚礼服是阔衣或圆衫。这两种衣服原来都是中国明朝时期公主们穿的礼服。新娘穿婚礼服时，两只胳膊要举在腹前，胳膊上垂挂称作"汗衫"的白布巾。头戴花冠或簇头里。新娘的传统发式，或挽大发（假髻），或在脑后挽髻插一根长发钗，两端分别挂一条宽发带垂于胸前，有的在脑后也垂挂一条宽而长的发带，宽发带上一般印有几何花纹，底色或黄，或红，不尽相同。

1930年结婚服饰
20世纪50年代花甲服饰
(李光平供图)

4. 花甲服

花甲宴是儿女们对父母表达孝心的礼仪，因而父母的花甲服要由儿女们准备。男性花甲服为传统袄裤、坎肩、礼帽。

按照传统习俗，男性过了花甲以后去世，要以花甲服作为寿衣。所以在20世纪50年代以前，通常以抗磨损的绸布做花甲服，现在则以彩色锦缎做花甲服。现在过花甲时，一般上身穿传统袄，下身穿改良裤，服装颜色因人而异。女性花甲衣为传统袄裙，服装的颜色尽量选择艳丽的色彩，通常为粉红袄裙，这样会使老人显得更加年轻，充满活力。

20 世纪 80 年代花甲礼（全竹松摄影）
21 世纪初，花甲宴后家人合影，中间为花甲老人（李光平摄影）

屈巾
首绖

5. 丧葬服

按照朝鲜族的传统习惯，如果男子过了花甲之后去世，要以花甲礼服作为寿衣；如果在过花甲之前去世，则另做寿衣。女子在婚后去世，以结婚时穿的礼服作为寿衣；如果婚前去世，则要另做寿衣。此外，丧葬服饰中还包括以下物件：

幎帽：一块长方形白布，四个角拴有短绳，用以包裹死者的头和脸。

幄手：一块长方形白布，用以遮掩死者的手背。幄手一端的两个角上各系有一条短绳，系于死者手腕。

爪囊：一个小布包，给死者修剪手指甲和脚指甲时，把剪下来的手指甲和脚指甲装入里面。

纸鞋：用白纸折叠而成的鞋，穿在死者的脚上。

小殓布：一块长约2米的整幅白布，用以包裹尸体。

天衾与地衾：天衾是用以覆盖尸体的夹被，被里为白色，被面为红色；地衾是用以垫在尸体底下的夹褥子，里子为白色，面为红色或黑色。

大殓后的第二天举行成服礼，此时死者的亲属正式穿丧服。朝鲜族把死者的亲属分为丧制与服人两类，丧制属于直系亲属，服人属于旁系亲属。男丧制头戴白色孝帽和屈巾，系首绖，身着祭服（又称衰服），外套宽袖麻布袍（称中单衣），左胸系一根麻布条，腰系麻布围裙和腰绖。小腿裹行滕（即行缠），脚穿麻鞋。屈巾是夹着几层白纸折叠成∧形的麻布巾。首绖和腰绖是用稻草和麻丝搓成的绳子。如果是父丧，孝帽两侧悬垂两根短麻绳；如果是母丧，悬垂两条麻布条。男服人们头戴白色小功帽，左胸系一条麻布条，不穿孝服。

女丧制们要把披散的头发重新挽起来，头发上系一根白布条，戴上麻绳圈，头顶遮一块方形麻布片，身穿窄袖麻布袍，腰系麻绳，脚穿麻鞋或草鞋。女服人们只在右胸系一条白麻布条，不穿孝服。

巫师服饰之一
巫师服饰之二
巫师服饰之三
（韩光云供图）

6. 巫服

中国朝鲜族称巫觋为"巫堂"，称巫堂跳神为"巫祭"。1993年5月11日，吉林省龙井市民俗博物馆曾经请一名女巫进行过巫祭表演。巫堂巫祭所穿戴的衣帽，从里往外数，分别是：

快子：里红外绿的绸缎长褂，无袖子，后脊梁的下半部分没有缝合。

半快子：里红外黄，袖子粉红，款式与快子相同，但衣服的长度不及快子。

长衫：白色长褂。

腰带：用红色绸缎做成。

圆衫带：共为两条，一黄一绿，交叉地系在前胸。

阴间口袋：12个小彩绸口袋，系在腰间，作为进入阴间世界经过12道大门时的贡物。用裁制巫服时剩下的绸缎缝制。

高帽子：用白布缝制，形似三角形。

布袜：用白布缝制，在屋内的炕上举行祭祀时只穿布袜。

皮鞋：皮底皮帮或布帮，形同普通布鞋。

现代儿童节日服饰（曹保明摄影）

岁时节日青年装——男上衣
岁时节日青年装——男裤
（李永哲摄影）

岁时节日青年装——女上衣
岁时节日青年装——裙子
（李永哲摄影）

（三）节日服饰

过去，一般平民百姓虽然生活贫寒，但很注重节日的着装，因为这关系到节日的气氛，体现时代的特性和民族情趣。朝鲜族一年四季有很多节日，比较有代表性的节日为元日和端午节。

农历十二月三十日是除夕，又称"小年"。按照传统习俗，到了这天，年幼的孩子们都要穿着彩条袖子袄。这种袄又叫喜鹊袄，所以这天又称"喜鹊年"。农历正月初一是旧历年，是新年的开始，叫"元日"，朝鲜人自古以来很重视过旧历年，不论男女老少都要身穿新衣或干净的衣服，称作"岁时节日装"，简称"岁装"。

岁时节日男孩岁装——礼帽
岁时节日男孩岁装——彩缎则羔里
岁时节日男孩岁装——裤子
（李永哲摄影）

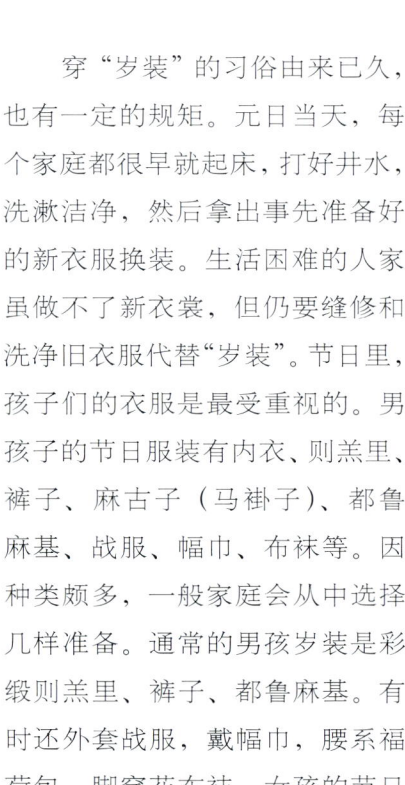

穿"岁装"的习俗由来已久，也有一定的规矩。元日当天，每个家庭都很早就起床，打好井水，洗漱洁净，然后拿出事先准备好的新衣服换装。生活困难的人家虽做不了新衣裳，但仍要缝修和洗净旧衣服代替"岁装"。节日里，孩子们的衣服是最受重视的。男孩子的节日服装有内衣、则羔里、裤子、麻古子（马褂子）、都鲁麻基、战服、幅巾、布袜等。因种类颇多，一般家庭会从中选择几样准备。通常的男孩岁装是彩缎则羔里、裤子、都鲁麻基。有时还外套战服，戴幅巾，腰系福荷包，脚穿花布袜。女孩的节日

礼仪服饰（女孩）
礼仪服饰（男孩）
女孩礼服——黄色绸缎则羔里

女孩礼服（坎肩）
女孩礼服（红裙）
女孩袜子和荷包
（李永哲摄影）

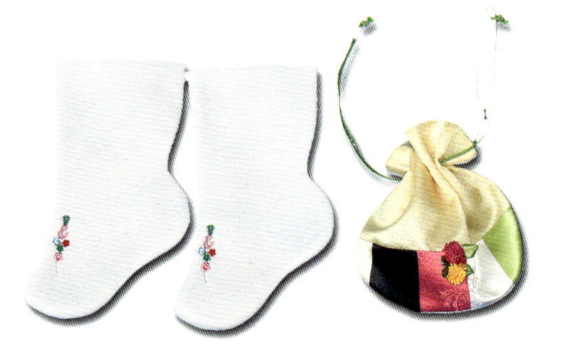

服装有内衣、则羔里、裙子、褙子、都鲁麻基、布袜等。在元日，女孩的着装通常为七彩缎则羔里和大红裙，或穿淡绿色、黄色绸缎则羔里，配穿大红裙。彩缎则羔里的领边、袖口、飘带饰金箔花纹，漂亮华丽。女孩穿着时，在飘带上段戴佩饰，头系燕嘴状发带，戴早巴韦（放寒帽），腰系福囊。身穿漂亮衣裳的孩子们要向父母和邻里长辈拜年，欢喜过节。

成年男子的岁装主要是则羔里和大裆裤，外套麻古子或都鲁麻基。年轻男子一般选择白色或灰色则羔里、玉色裤子。妇女的岁装主要是则羔里、裙子、都鲁麻基。年轻女子一般选择淡绿色或黄色则羔里和大红裙，中年妇女选择玉色或粉红色则羔里和蓝色或紫色裙子。老年妇女一般选择玉色、淡粉红色、淡黄色则羔里和蓝色、灰色、紫色裙子。三回装和半回装则羔里是最受妇女喜欢的节日盛装。

端午盛装与岁装没有太大的区别，只是以夏装材质为主。端午是阳光明媚、风景秀丽的时节，妇女们身穿绿衣红裳跳跳板、荡秋千，增添节日气氛。

岁装——老年礼服（女上衣）
岁装——老年礼服（男上衣）
岁装——老年礼服（男裤子）
岁装——老年礼服（女裙子）
（李永哲摄影）

姑娘服饰（李光平摄影）

儿童服饰
满天星金达莱姑娘
（李光平摄影）

现代节日服饰(曹保明摄影)

刀舞服饰（李光平摄影）

（四）表演服饰

朝鲜族是个能歌善舞的民族，在音乐、舞蹈艺术方面有很高的技艺。伴随着民族艺术的发展，应运而生的表演服饰也独具特色，它是基于传统的日常服饰结构和形态，按照表演的艺术种类进行相应设计和制作的。朝鲜族的传统舞蹈有农乐舞、假面舞、刀舞、扇子舞、长鼓舞、手鼓舞、鼓舞等。需要根据场景、角色制作出不同颜色、样式的服饰和配套道具。

随着时代的发展和艺术表现形式的变化，表演服饰也在进行相应的改良。过去的表演服饰款式不太美观，有的与舞蹈动作不协调。比如，农乐舞中的男装因裤腿肥大、衣袖宽大，不便于表现欢快奋发的动作。如今的农乐舞服大小合身，以纽扣来代替长飘带，在颜色上多选白色、蓝色、绿色等比较鲜艳的色彩，增加了舞蹈的欢乐气氛。另外，过去的舞蹈服装衣领斜紧，领边和衣袖较宽，飘带宽而短，舞起来缺乏轻盈爽

跳板服饰（李光平摄影）

快的美感。现在的舞蹈服装改变过去的缺陷，衣领宽松，领带狭窄，飘带窄而长，衣襟极短，袖窄、贴身，在衣领和飘带处绣有鲜艳的花纹，衣襟和下摆有弧度，点缀小巧玲珑的装饰品，增加舞服的优雅、华丽之感，突出民族舞蹈柔软、流畅、朝气蓬勃的特点。舞蹈服中的裙子比日常裙子长，能着地面，上窄、下宽，表现旋转动作时更为飘逸、优美。

表演服装的类型与日常的服装相同。顶水舞、扇子舞等传统民俗舞的服装均为传统袄裙。跳长鼓舞穿长裙；跳旋律较快的舞蹈时，里穿传统则羔里，外穿快子，快子又称战服，是朝鲜王朝时期军服的一种，没有衣袖，衣服后片的腰部以下部分开衩。男性穿传统舞服跳舞时，膝盖下方用绳系紧。跳农乐舞时，不论男女，都在胸前斜系彩带。跳各种民俗舞时要戴幅巾、平凉笠、象帽等。平凉笠类似草帽，帽檐比较小。女性跳僧舞时，身穿特殊的长袖服，头戴三角形白布帽。

竞技表演中，女子跳板和秋千比赛，一般身着传统袄裙，没有专门的服饰。男子进行摔跤比赛时，上身光膀子，下身穿短裤，系腰带，大腿套腿带。腰带和腿带连在一起，比赛时套在大腿和腰上。两名选手摔跤时，各用不同颜色的腰带和腿带，通常使用红色和绿色。

手鼓舞服饰（李光平摄影）

扇子舞服饰
长鼓舞服饰
（李成飞供图）
端午节假面舞服饰
（李光平摄影）

手鼓舞服饰
长鼓舞头饰
（李光平摄影）

长袖舞服饰
刀舞服饰
（李光平摄影）

民间舞服饰(李光平摄影)

顶水舞服饰
儿童秋千服饰
（李光平摄影）

象帽舞服饰(李光平摄影)

第四章

服饰结构与款式

中国朝鲜族服饰沿袭了朝鲜半岛的传统服饰结构和款式，由上下身装、头装、足装构成，根据本民族所处的自然环境和生业环境，发展出适合于劳作、生活、活动等的既朴素又美观的服饰款式，体现了素净、淡雅、轻盈的特点。

黑笠(短顶窄檐)
黑笠(宽檐)

一、头装

朝鲜族自古就有以露头为耻的习俗,所以非常重视冠帽和头巾的佩戴。过去,冠帽和头巾既是身份的标志,又是生活当中不可缺少的遮阳、防风、防寒的用具。朝鲜族的冠帽、头巾有明显的性别和年龄特征,不同的场合、不同的季节戴用相应的冠巾,种类繁多,款式各异,用途、功能尤为分明。朝鲜族男子的冠巾主要有黑笠、宕巾、网巾、幅巾、程子冠、纱帽、防寒帽等,女子和小孩的冠巾有早巴韦、额掩、簇头里、花冠、咕儿列、毡巾等。

(一)日常冠巾

1.黑笠

由截尖圆锥形笠顶、环形的笠檐和细长的笠带组成,一般用马尾或竹子等原材料编织制成。朝鲜高丽末期的1367年,废弃原有的笠制,重新制定了君臣百姓衣冠制度,正三品以下官吏戴不同顶子装饰的黑笠。黑笠为遮阳护发的冠帽,也是具有一定身份和地位的男人外出时戴的礼帽。朝鲜李朝末期以前,笠檐比较宽广,笠顶较高;到了20世纪初,变成短顶窄檐型,平民也可以戴用。笠,作为朝鲜族代表性的传统冠帽,

草笠（规格：高 12 厘米，檐直径 36 厘米，顶直径 13 厘米。制作于 19 世纪末。）
斗笠（规格：高 21.5 厘米，帽檐直径 63.7 厘米。制作于 20 世纪初。）

在朝鲜族服饰文化中占有重要地位。20 世纪 50 年代以前，中国朝鲜族老年人都流行戴黑笠。朝鲜族非常重视冠帽的保存，一般不放在地上，也不让小孩玩耍。假如发现孩子玩弄帽子或用脚碰撞帽子，就要训斥其为"三代不孝之子"。

2. 草笠

朝鲜民族男子平常外出时戴的帽子，以莞草或竹条编织而成。其款式与短顶窄檐黑笠相似，不同身份地位者都能戴用，但是草笠的股数按身份有所不同。比如士大夫阶层编 50 股，平民百姓只能编 30 股。到了朝鲜李朝末期，取消了上述规定。一般而言，朝鲜民族以草笠为年满 15 岁的孩子行冠礼，民间流传的"草笠童"之词由此而来。

3. 斗笠

朝鲜民族男子戴的冠帽，又称农笠、雨笠。用莞草或竹条编织而成，帽檐呈六角形，顶尖，似伞。主要用于遮阳光或避雨水。如今，在农村仍使用。

程子冠（规格：高 20 厘米，宽 29.5 厘米。制作于 19 世纪末。）
宕巾（规格：高 14 厘米，直径 17 厘米。制作于 19 世纪末。）
网巾（规格：周长 58 厘米，宽 9.5 厘米。制作于 20 世纪初。）

4. 程子冠

"程子冠"是过去朝鲜民族士大夫阶层在屋内戴的冠帽，以马尾和马鬃编织而成，黑色，无帽顶，帽上檐呈"山"字，有单重、双重、三重之形，重数越多表示学位和地位越高。一般戴在网巾或宕巾外面。20 世纪初，中国朝鲜族老年人比较流行此冠。

5. 宕巾

朝鲜民族男子平常在屋内戴的冠帽。用马尾或人发编成。前低后高，戴在网巾上面，也起撑顶黑笠的作用。制作宕巾时，先用木头做模子，然后用马尾或人发一根一根编织成形。为了定型，连同模子一起蒸，继而涂一层糊状墨水晒干。宕巾柔软有弹性，戴着坐卧都很方便。朝鲜李朝宣祖时代（1567—1608 年）开始流行该冠，进入 20 世纪逐渐消失。20 世纪初，中国朝鲜族老年人当中比较流行。

6. 网巾

朝鲜民族男子为了固定发型而戴在额头上的冠巾。一般用马鬃、马尾毛、象尾毛、人发编织而成，黑色。根据戴者的不同身份，饰有玉、金、玛瑙、琥珀、骨、动物角等不同质料的贯子和髻簪。过去，朝鲜民族男子举行冠礼或婚礼前，将辫子解开，在头顶扎柱状髻，罩以网巾，并插短簪，称"椎髻"。朝鲜王朝高宗（1863—1907 年）年间颁布"断发令"，强令男子剃头发，从此网巾在朝鲜逐渐消失。居住在中国东北的朝鲜族一直沿用到 20 世纪 30 年代。

儒巾（规格：高 21.5 厘米，宽 26.8 厘米。制作于 19 世纪末。）
咕儿列（前）（规格：总长 48 厘米，周长 31.5 厘米。制作于 20 世纪。）

7. 儒巾

朝鲜民族男子戴的冠帽。用黑色麻布、苎麻布、粗棉布折叠缝制而成。把儒巾两角对叠似"民"字，因而民间称"民字巾"或"民字冠"。男子身穿道袍或都鲁麻基（周衣）外出时，佩戴儒巾。从前每个乡村都设有"乡校"，每年择日为圣贤孔子行"茶礼"，这时儒生必须戴儒巾。因为易于取材，不需特殊的技艺，所以家家户户都备此冠，平常在家也戴用。20 世纪初，儒巾逐渐在日常着装中消失，只用于丧祭礼，以粗麻布做成。

8. 咕儿列

朝鲜族小女孩 4 岁以前戴的暖帽，兼有装饰功能。用多条绸布相互交叉编织，额部钉牡丹或莲花瓣装饰，两侧垂绸带。帽后部绣"寿""福""喜""寿福康宁""富贵多男"等吉祥文字。春、夏、秋季用夹纱做成，冬季用绸缎加棉花制作。

南巴韦（规格：从帽顶至帽尾长 34 厘米。制作于 20 世纪初。）
早巴韦（规格：长 20 厘米，宽 28.5 厘米。制作于 19 世纪初。）
毡布头巾（规格：边长 100 厘米。制作于 20 世纪初。）

9. 南巴韦

朝鲜民族的防寒帽，又称暖耳、耳掩。无帽顶，两侧为三个层次，呈波浪形，帽檐边缝毛，垂挂彩色的穗子，上额部缀宝石及花瓣等。多为双层，冬天用的则在夹层里加棉花或绒毛。其制作材料因人而异，"堂上官"用缎、貂皮，三至九品官用绸、鼠皮，庶民一般用水獭皮或黄鼠狼皮。男女老少皆用，在颜色上男女有别，男用的为黑色，女用的色彩鲜艳，多为蓝色或紫色，饰很多装饰图案。在朝鲜李朝初期，南巴韦只在上流阶层使用，后来逐渐在庶民阶层流行。中国朝鲜族普遍流行，但到了 20 世纪 60 年逐渐被淘汰。

10. 早巴韦

朝鲜民族妇女戴的防寒帽。朝鲜王朝末期，从上流阶层到庶民阶层广为使用。两耳下部边缘内缩，后下部为弧形，可露出圆髻。用黑色或紫色纱、缎、绸做外层，用蓝色或黑色缎、绸、棉做里，面上用金箔印"寿福""康宁""富贵""多男"等字样和纹饰。帽边戴珊瑚串珠，前、后部垂挂翡翠、玉穗子。在中国朝鲜族当中比较流行，主要给女孩子戴用。

11. 毡布头巾

朝鲜民族妇女扎毡布头巾的历史悠久，过去叫巾帼。用白色毡布制作，平面呈正方形，使用时把头巾折成三角形，再折叠 10 厘米宽，扎在头上，在脑后打结。朝鲜族妇女扎毡布头巾的习俗一直延续到 20 世纪 60 年代。随着纱巾和围巾普及，扎毡布头巾的人逐渐少了。除了六七十岁的老年妇女外，中青年妇女不再扎毡布头巾。

额掩（规格：从檐顶至带尾总长134.8厘米，宽28厘米。制作于20世纪。）

12. 额掩

朝鲜王朝时期妇女戴的防寒帽。空顶，前额钉穗子，后垂用较宽的黑色或紫色绸缎做的长带，带上面用蜜花或玉做成蝉装饰，面料为黑色绸缎，帽檐加动物毛皮。额掩在上流阶层用于防寒，庶民阶层用于装饰。初期男女皆用，到了朝鲜王朝末期成为女子专用品。

风遮（规格：总长35厘米。制作于20世纪。）

13. 风遮

风遮是妇女御寒用的风帽，又称"胡耳掩"。形状与南巴韦相似，无顶，由前额和后摆组成。后摆很长，经两耳、颈，直垂到后背上部，里为浅绿色布，面为紫色绸布。后摆边缘镶有黑色毛皮，两耳部分，垫有白色兔子皮毛，毛皮外边缝有蓝色绸布耳套。下摆近颈部位两侧系布帽带，帽带由花花绿绿的布条打结而成，带下垂有紫色穗子。

（二）礼仪冠巾

1. 纱帽

亦称乌纱帽，原是朝鲜王朝时期官服的组成部分，后用作朝鲜民族传统婚礼中新郎的礼帽。纱帽是黑纱制成，帽顶为前矮后高，呈台阶状，帽后脑有两个展脚，长20厘米、宽7厘米。

2. 簇头里

朝鲜王朝时期举行典礼时妇女戴用的冠，又称簇冠。用黑色绸缎制作下面呈圆形、上面呈六角形状的冠体，里面垫充棉花。冠顶以七宝、玉、蜜花、石雄黄、珊瑚、孔雀石装饰，根据用途有紫色、牡丹色、白色等。原是蒙古族妇女外出时戴的冠帽，高丽末期从元朝传入朝鲜半岛。一开始只用于宫中典礼仪式，到了朝鲜王朝末期，允许庶民阶层在举行婚礼时使用。

花冠（规格：高9厘米，直径9.5厘米。制作于19世纪末。）
簇头里（规格：高8厘米，上宽11厘米，直径9.5厘米。制作于20世纪初。）
纱帽（规格：高16.7厘米，直径17厘米。制作于19世纪末。）
幅巾（规格：高66厘米，宽28厘米。制作于19世纪末。）

3. 花冠

朝鲜民族传统婚礼中新娘戴的礼帽。与簇头里形状相似，花冠比簇头里稍高。用厚纸做成，表面刻印各种花纹，涂黑色漆，冠边缘饰红色或其他鲜艳的色彩，印金箔。宫廷和上流阶层戴用黑色花冠，用金箔、金、银、宝石等装饰得非常华丽。朝鲜新罗时期从中国传入，先是宫中的舞女使用，到了朝鲜高丽时期，成了贵族阶层妇女的礼帽。朝鲜李朝初期一度消失，后来又恢复。朝鲜王朝正祖十二年（1788年）颁布发髻改革令，允许庶民阶层在婚礼时使用花冠。

4. 幅巾

幅巾是朝鲜民族男子戴的冠帽，又称幞巾。幅巾头后部分呈弧线，前段两耳上部各有两个皱褶，皱褶中部各钉布带，系在头后起固定作用。其质料主要是黑色的缯、纱。冬天采用黑缎、夏天采用黑纱缝制。儿童用的幅巾以金箔饰"祝愿无病长寿"的字样。在儿童幅巾中，饰虎形象的称虎巾。幅巾原是中国后汉至唐宋时期道人和儒生戴用的冠帽，后来传到朝鲜，流行于士大夫和儒生阶层。朝鲜王朝末期，幅巾成为富裕人家的未婚男子和儿童的礼帽，如今在朝鲜民间则是男孩子抓周时必戴的礼帽。因"幅"与"福"同音，故具有福气之意。

头装——黑笠（李光平摄影）

二、上身装

朝鲜民族的上身装主要是则羔里，另外配外套衣和内衣。则羔里是朝鲜族男女老少皆穿的传统上衣，又称袄。朝鲜三国（高句丽、百济、新罗）时期称"襦""复衫""尉解"。"则羔里"之称出现于朝鲜高丽忠烈王时期（1275—1308年）。高丽朝以前其形制变化不大，衣长到臀部，无飘带，系大腰带，领襟区分不明显，裾和袖口的边缘镶有与衣服面色不同的边。自高丽朝开始，其形制有了明显变化，主要表现为：(1) 受蒙古族服饰的影响，女用的则羔里衣裾变短，由臀部缩短为胸下部；(2) 以飘带取代腰带；(3) 用白色布条饰领边，领和襟有明显区别。朝鲜王朝时期其形制更加多样化，女用则羔里出现了回装上衣（各部位上均镶边）和彩袖上衣（用七彩缎做袖子）。至此形成则羔里最基本的特点：鱼肚形长袖，袖口窄，衣裾短。男用则羔里斜领、左衽、宽袖，前襟两侧各钉有一飘带，穿衣时系结在右襟上方，比女用"则羔里"衣裾长一些。布料一般有粗麻布、苎麻布、绸缎、棉布等，按季节分单袄、夹袄、棉袄。夏季穿单袄，春秋穿夹袄，冬季穿棉袄。

女用则羔里中，"回装"是别有风格的修饰方式，也就是镶边，是指在上衣的领子、袖口、衣裾等部位缝上深颜色的布。回装女上衣一般用紫色布做衣带，这与朝鲜民族以紫色作为吉利色彩的习俗有关。因此，古时候朝鲜民族寡妇的衣带不能用紫色布来做。回装习俗原来是在上衣容易脏的部位缝上深色布，并经常予以更换，以保持清洁，后来对其审美价值的追求超过了实用价值，回装风俗逐渐变为追求美观的独特手段。这充分表现出朝鲜民族以洁净为美的民族风尚。

（一）日常上衣

1. 都鲁麻基

朝鲜民族将不开衩的长袍叫"都鲁麻基"，又称周衣。直领右衽式，窄袖，腋下开约 20 厘米的竖口，有衩，领子末端缝飘带活系在前胸，裾长到小腿部。用白色、灰色或古铜色麻、棉、绸等布料做成。分单、夹、棉三种。有关此式外衣的记载，最早见于朝鲜李朝英祖王时 1726 年的《英祖实录》："软蓝宫绸狭袖周衣。"高宗二十年（1883 年）服

都鲁麻基（规格：长 1.3 米，周长 1 米多。）
道袍（规格：身长 117 厘米，袖长 79 厘米，胸围 50 厘米。制作于 20 世纪初。）
麻古子（女装）

制改革时废弃氅衣、道袍、中致莫等服式，此衣成了朝鲜民族男女老少喜爱的礼服，直到20世纪30年代后，才随着风衣、大衣的盛行而逐渐消失。

2. 快子

朝鲜民族男子外衣。直领，无袖，对襟，长裾，后背中缝线自腰部以下开衩，两个侧缝从小腿部向下开衩。衣裾下垂到脚踝处，腰系细丝带，打结在前面。源于中国唐代，为朝鲜李朝初期王族和大臣穿的制服，后期变为下级军卒皂隶及平民百姓的制服。至20世纪末已基本消失，仅在男性幼童过周岁时穿。

3. 麻古子

朝鲜民族男女老少皆穿的外衣，又称"马褂子"。形似则羔里，但无领、对襟、裾稍长、不系飘带，右襟上部钉琥珀或蜜花制作的天桃扣，左襟钉扣环。据传，1887年朝鲜李朝王室兴宣大院君结束在北京的幽居生活返国时，穿回了清朝的马褂子，后将其形式与朝鲜的传统服装结合起来，演变成了此式外衣，广泛流行于民间，直到20世纪中期仍是中老年男女探亲访友穿的礼服。

4. 道袍

朝鲜民族礼服。直领、左衽、宽袖，有飘带。后背中缝线从胸背部位开始向下开衩，其上部附着一条长方形展衫，系细丝带在前胸中部打结。颜色一般为白色和青色。朝鲜李朝孝宗八年(1657年)《孝宗实录》载："道袍之制亦自壬辰后有矣。我国贴里衣，初典胡人贴里同其制。"由此可见道袍产生于壬辰倭乱后期，即16世纪末。到了朝鲜李朝高宗二十一年（1884年）服制改革时，只有少数人在祭祀时穿着此式礼服。至20世纪20年代逐渐绝迹。

5. 长衣

朝鲜民族妇女的外出服，又是蒙头服。朝鲜李朝初期，长衣为妇女的专用外出服，后来逐渐成为专用于蒙头的服装。18—19世纪的民间风俗画中，常见用长衣蒙头外出的妇女形象。长衣的形制与都鲁麻基基本相似，对襟、无后领口、钉两对紫色飘带、袖口镶白色布边。从襟、后领口、飘带的变化中，可以看出长衣的用途主要是蒙头。长衣的材质，冬天用棉布或绸缎缝制，有的夹层，有的夹层里铺一层棉花，增加保暖效果。其色彩没有季节的区分，大多为深蓝色或草绿色。其中，草绿色的特别多，给人以温暖的感觉。到了朝鲜李朝末期，随着都鲁麻基的出现，长衣逐渐消失。但直到20世纪50年代，在中国朝鲜族中仍有一些妇女穿着此衣。

6. 褙子

朝鲜民族传统的坎肩。领、襟相连，互相对称，有领边。出现于朝鲜三国时期。褙子原本是庶民阶层妇女的服装，因为穿着简便，后来普及于富裕阶层，并且男女皆用。褙子分为平常服、劳动服、利汗服等。劳动时穿的褙子，无领、无襟、无领边，钉有两对飘带或纽扣，用粗麻布或细麻布缝制，偶有短袖的褙子。利汗的褙子，主要是男子用的随身衣，用树藤或莞草编织，穿在衬衫里面。平常穿的称褙子，无袖、无扣，领、领边、襟相互对称，给人以一种独特的美感。春秋季节，用厚的绸缎做面，用绸或棉布做里。冬季，褙子里面垫一层动物毛皮，整个边上镶毛皮边，既保暖，又美观。褙子料子多为蓝色的洋缎，也有淡绿色或其他深颜色的。毛皮褙子为中年妇女喜欢，从晚秋到初春，一直不离身。穿毛皮褙子时，非常讲究和则

毛皮褙子（规格：身长 52 厘米，胸宽 41 厘米。制作于 20 世纪初。）

羔里色彩的搭配、协调，很有亮丽之感。有的地方还将毛皮褙子用于新娘的婚礼服。如今，毛皮褙子仍然是老年妇女的冬季外套。

7. 罗兀

朝鲜民族女子蒙面衣。一般用双层黑纱做成，罩在头顶的圆笠上面，下垂到腰部。为便于透视外界，脸部用单层杭罗或网纱制作。出现于朝鲜高丽时期，盛行于李朝时期。初期只是宫中和两班（世族阶级）家妇女使用，后期庶家妇女也通用。

8. 蓑衣

防雨衣。用稻草或莞草编织，形似斗篷，上窄下宽，上部两侧有系带。一般为一层。亦有用绳子编里层、用草秆编外层者，工艺精细，提高了防雨性能。20 世纪 20 年代中期被漆皮和塑料雨衣取代。

半回装则羔里（规格：身长 24.8 厘米，袖长 38.5 厘米，胸宽 33 厘米。制作于 20 世纪。）

（二）礼仪上衣

1. 半回装则羔里

朝鲜民族传统的女上衣。上衣镶边称为"回装"，仅在领口、飘带、袖口等处镶边，称"半回装"。领和飘带一般为紫色，袖口为蓝色。回装是朝鲜李朝时期平民阶层妇女出门时穿的礼服和节日盛装，延续至20世纪末仍有穿用者。40来岁的妇女一般在领和飘带或只在袖口用紫色布条镶边，50岁的妇女则只在飘带上用紫色布条镶边。丈夫去世的妇女一般不穿半回装上衣。

三回装则羔里（规格：身长 20 厘米，袖长 36 厘米，胸宽 31 厘米。制作于 20 世纪初。）

2. 三回装则羔里

领口、袖口、腋窝、飘带等部用紫色或蓝色布镶边称"三回装"，是朝鲜李朝时期上流阶层妇女在节日和喜庆日穿的礼服。朝鲜李朝初期，只在腋窝部位镶饰，到了李朝中期，扩展到袖口，逐渐变成三回装形态。三回装上衣的面料色彩以淡青色、黄色和草绿色为主，领、飘带、腋窝为紫色，袖口为蓝色。袖口和领、飘带上面用金箔印"寿""福"字样或绣一些吉祥、漂亮的花纹。按季节配备单、夹、棉三回装，通常在婚礼等仪礼和节日时着用，是民族色彩浓郁的服饰，也是当代朝鲜族妇女喜穿的服装。

七彩缎则羔里(女孩)(规格:身长14厘米,袖长40厘米,胸围28厘米。制作于20世纪。)
七彩缎则羔里(男孩)

3. 七彩缎则羔里

朝鲜民族小孩喜穿的服装。衣袖用红、黄、绿、蓝、灰、粉红、白等7种颜色的彩缎条拼成,在领、飘带、袖口镶"回装",用金箔印花纹或刺绣。彩缎则羔里出现于朝鲜三国时期,其历史很悠久。七彩上衣,色彩斑斓,好像彩虹在身,使孩子们显得更加聪慧可爱。朝鲜民族一向以彩虹为光明和美丽的象征,因此,喜用七色绸缎给儿童做衣服,意在让儿童美丽幸福。关于七彩衣的来源,说法很多。有的认为是出于审美心理,有的认为是出于避邪的目的,还有的认为是过去朝鲜妇女善于保存各种颜色的布块,用来给孩子做衣服等等。

唐衣（规格：衣长78厘米，袖长68厘米，袖筒22厘米，后领口15厘米。制作于20世纪。）

4. 唐衣

朝鲜民族妇女的礼服。在高句丽墓壁画里，能见到唐衣的初期形态。唐衣的基本形制与普通的女子则羔里相似，只是衣裾长到穿衣人的膝盖部位。另外，衣服两侧开衩，成三裾。下摆呈半圆形的弧线。与圆衫、阔衣相比，袖口相对较小。唐衣的色彩一般有草绿色、紫色、红色、白色，飘带必须是紫色。材质主要为锦、杭罗、纱、苎麻布、贡缎等。按季节，夏天穿红唐衣，冬天穿夹层唐衣，特别是夹大红里层的草绿色唐衣。袖口处缝能装入纸条的白汗衫。过去，唐衣是王公大臣家庭的妇女或宫女们的小礼服。李朝末期，一些地方把唐衣当做婚礼服使用。紫色和红色唐衣，用金箔烫印花朵、鸟、字样等纹饰。缝有汗衫的高档唐衣，只有王族家庭妇女才能穿，在一般平民阶层里几乎没有流行。

绿圆衫（规格：身长146厘米，袖长150厘米，胸围50厘米。制作于20世纪初。）

5. 圆衫

朝鲜民族女子婚礼服。形似阔衣。对领，领边向内，可露出内着的则羔里衣领；对襟，领子末端缀扣，扣下端系2米长的胸腰带，腰后打结；袖宽长，中部镶黄、蓝、红三色的绸缎，袖口上接缝长20厘米的白色汗衫；腋下开衩，前两裾，后一裾，后裾比前裾长15厘米左右。最早出现于朝鲜三国时期的新罗。据文献记载：新罗三十代文武王四年（664年），新罗实行服制改革，从中国唐朝引进了阔袖服制。阔袖衣与朝鲜原有的服饰相结合，经过长时间的改进和完善成为此服。李朝时期盛行于贵族妇女之中，王后穿黄圆衫，王妃穿红圆衫，公主或两班妇女穿绿圆衫。李朝中后期绿圆衫成为平民阶层女子结婚时的礼服，一直流行到20世纪50年代。

阔衣（前）（规格：前长96厘米，后长112厘米，袖长94厘米，胸围40厘米。制作于20世纪。）
阔衣（后）

6. 阔衣

朝鲜民族女子婚礼服。原系中国唐代服装，后传入朝鲜，成为李朝时期（1390—1907年）士大夫阶层女子的结婚礼服，20世纪上半叶成为平民百姓的婚礼服，又称"币帛服"。其特点是无领、襟、裉等部；袖宽长，中部镶有黄、红、蓝三条彩缎，袖口上连缝饰有"十长生"图案的白色汗衫；前面两裾，后面一裾，前裾比后裾短20厘米左右，腋下开衩。面为红色，里为蓝色。衣前饰"十长生"纹样，后饰"二姓之合""万福之源""寿如山，福如海"等字样。

官服（规格：身长128厘米，袖长95厘米，胸围46厘米。制作于20世纪初。）

7. 官服

官服亦称团领，指朝鲜民族传统婚礼中新郎穿的外礼服。质料为蓝、褐色丝绸，圆领，袖子又长又宽（宽58厘米），衣襟长而肥大，衣襟右边有打结飘带，前胸和后背各有用金丝刺绣双鹤祥云图案的"背胸"，长2.2厘米、宽18厘米。婚礼当天，新郎身穿团领官服，腰系犀带，头戴纱帽，脚穿木靴。因为这是一品官所穿的官服，所以民间称之为"官服"。朝鲜李朝时期，大约在十四五世纪，官府制定《四礼便览》，认为在冠婚丧祭中婚礼为最，允许平民百姓将官服作为婚礼服穿用。富裕家族自备一套，但更多的则是以村落为单位制作一套，共同使用。此俗一直延续到20世纪50年代。

丧服（前）
丧服（后）

8. 孝服

朝鲜民族丧礼服。用粗麻布手工缝制。根据服者与死者的亲疏远近将丧服分为五服，即斩衰、斋衰、大功、小功、缌麻，附加屈冠、孝巾、首绖、腰缠、绞带、竹杖、草鞋等。斩衰是五服中最主要的丧服，穿三年，在父、夫、嫡长子丧中穿；斋衰次之，父母丧穿三年，祖父母丧穿一年，曾祖父母丧穿五个月，高祖父母丧穿三个月，妻丧穿一年；大功是在从兄弟、从姐妹、众子妇、众孙、侄妇和丈夫的祖父母、伯叔父母丧中穿的丧服，穿九个月；小功是在从祖父母、再从兄弟、从侄、从孙丧中穿的丧服，穿五个月；缌麻是在从曾祖父母、三从兄弟、众曾孙、众玄孙的丧中穿的丧服，穿三个月。朝鲜民族丧服出现于朝鲜三国时期，随着朱子理学的传入，李朝时期的《四礼便览》使其更加规范化。起初盛行于上流阶层，后逐渐传播到民间。20世纪50年代后，丧礼有了较大的变化，只行其礼，不穿其服，仅男臂带黑布条、女子系白布条而已。

道袍带

三、配衬装

（一）腰装

朝鲜民族的腰装主要是带子。腰带主要用于外套衣上面，但一般不系在正腰部，而是系在肚和胸之间。朝鲜民族腰带的历史很悠久，朝鲜三国时期的上衣形制和现在有所不同，衣裾长到臀部，无飘带，因此要系大腰带。经过高丽朝、李朝，上衣主要用钉在衣襟两边的飘带来系结。这样，从前普遍使用的腰带逐渐退出服制，只在特殊的服装和场合里保留使用。至今，流传下来的带子主要有道袍带、官带、周带等。

1. 道袍带

士大夫或儒生们穿的道袍上部的带子。用彩线搓成，一般长358厘米，宽6厘米，两头坠有12厘米长的穗。朝鲜李朝时期非常盛行。按官职或场合，用不同色彩的带子。堂上官用粉红、深红、紫色的带子，

官带（规格：总长150厘米，宽4.5厘米。制作于19世纪末。）

堂下官用深蓝、天蓝色带子，丧礼中的丧主用白色带子。到了李朝末期，封建身份等级制度紊乱，不管官职大小，主要按年龄配用不同颜色的带子。比如，年轻人用紫色，中年人用蓝色，老年人用玉色或灰色等。

2. 官带

配在官服外的腰带。按身份等级配不同材质的带子。朝鲜高丽时期，用玉、金、角装饰的带子比较流行。到了李朝时期，一品官戴犀带，二品官和正三品官配荔枝金带，从三品至九品官配黑角带。带的长度比胸围更长，固定挂在官服两侧腋窝部，佩在胸前。

周带（规格：长 105 厘米，宽 6 厘米。制作于 20 世纪。）
幸州裙（规格：长 80 厘米，宽 55 厘米。制作于 20 世纪。）

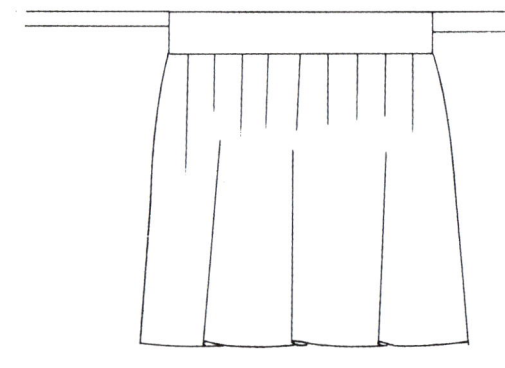

3. 周带

朝鲜民族抓周礼仪中小孩的吉祥带。一般为绸缎缝制，宽 6～7 厘米，带面上用彩线刺绣莲花、牡丹、十长生等吉祥纹案。男孩的周带为蓝色，女孩的周带为紫色或红色。从孩子的胸前开始将带子绕一圈后系在背后。周带设计得比较长，这是为了祈愿孩子长命百岁。周带作为装饰品，寄托了父母希望孩子幸福快乐、茁壮成长的心愿和期盼。

4. 幸州裙

朝鲜民族妇女做厨房活的时候系在腰部的围裙。此腰裙来源于朝鲜李朝时期壬辰倭乱中的幸州山城保卫战。当时，3 万倭寇团团围住幸州城，城池危在旦夕，城里妇女们被动员起来助战，她们用围裙运石头供给士兵，为此次保卫战立下了汗马

儿童套袖
女性套袖
男性套袖
行缠（规格：长25厘米，宽19.5厘米。制作于20世纪。）

功劳。后来民间称之"幸州裙"。用白色棉布或麻布做成，一般呈长方形或半椭圆形，绣有各种花纹。朝鲜民族非常讲究整洁、干净，家庭主妇做家务时，必穿幸州裙，迎接来客时，则礼节性地卸下此裙。

（二）臂腿装

1. 套袖

朝鲜民族的臂衣，即套在小臂上的小袖。筒形。多用毛皮做里，绸缎、土布做面，冬天用于防寒。亦有以马尾、马鬃编制者，夏天套用可起通风利汗作用。甲午年（1840年）以后，渐被手套取代，但至20世纪末，在朝鲜族农村仍有人干活时将其套在衣袖外，用以护衣。

2. 行缠

亦称行縢，下紧上宽，上面带有绷带，使用时套在肥大的裤腿上，扎上绷带，以便于行走。主要材质为棉、苎麻、粗麻等。丧服用的行缠，要用又粗又稀的麻布，上面两个绷带亦为未经码边的麻布条子。

巴几（规格：总长116.5厘米，腰宽50厘米。制作于20世纪初。）
榛裤（规格：长84厘米，腰围82.5厘米。制作于20世纪。）

四、下身装

朝鲜民族的下身装，主要是裤子和裙子。从外表上看，男穿裤，女穿裙。但女子的裙内也有裤子。裤子种类比较单一，男装有大裆裤和内短裤，女装有榛裤。裙子大体上有筒裙和缠裙（拖裙）两种。

（一）裤子

1. 巴几

朝鲜民族男子传统的大裆裤。以裤腰、裤管、裤口组成。朝鲜三国时期，因经常骑马，日常使用凳子，裤裆相对比较狭窄。三国时期以后，朝鲜民族的居住环境中，火炕比较普遍，席地盘腿坐的机会很多，这样，裤裆逐渐变得宽肥。裤料一般与上衣一致，以白色较多，也与上衣相协调地选择其他色彩。男裤按季节分单、夹、棉三种。

2. 榛裤

朝鲜民族女子穿在裙子里面的内裤。裤腿宽大，裤长与裙相同，穿起来像个里裙。做一条榛裤需要17尺布料。以白色为主。夏装用苎麻、杭罗、纱等布料，冬装用绸、棉等材质。因为只穿在里面，所以不需要加层。

筒裙

缠裙（规格：长111.5厘米，腰围93.5厘米，幅宽280厘米。制作于20世纪初。）

缠裙（拖裙）

（二）裙子

1. 筒裙

朝鲜民族女子日常穿的裙子，有短裙和长裙之分。裙腰和类似坎肩的背心连接在一起，穿时从头部往下套，使其套在肩膀上。短裙摆一般长至膝盖部位，长裙摆一般长至脚背。作为平常服来穿着。材质一般采用麻布、苎麻布、棉布、绸缎等，颜色以大红、粉红、黑、白色较多。

2. 缠裙

朝鲜民族女子长裙。用色彩鲜艳的粉红色绸布缝制，由裙腰、裙摆、裙带组成。比普通裙子长30厘米，裙摆很宽，一边开衩，裙带缝在裙腰两侧，缠腰一圈后系结在右腰一侧。裙摆上折有许多细褶，裙长直拖到脚跟，故又称"拖裙"，走路时要将裙提起。穿拖裙的时候，为了不使裙子下摆拖地，要把裙摆的一端从右边提上来掖在系带里。初为李朝时代两班阶层闺秀穿用，后流行至平民阶层，并缩短裙长，以方便活动。

身穿红筒裙的姑娘（曹保明摄影）

膝襴裙结构图
大襴裙

3. 膝襴裙

朝鲜民族女子礼服。裙子下端部位缝有华丽宽长的装饰条——膝襴段。膝襴裙比普通裙子多用一幅布，更为宽大，裙子也很长，一直拖到地面。膝襴段装饰纹样，按等级身份有所不同。膝襴裙原本是宫廷的妃、嫔、公主的大礼服和小礼服。到了朝鲜李朝末期，变成民间的婚礼服。裙的材质主要是深红和蓝色的纱或缎，双层缝制。因为有了膝襴段华丽的装饰和色彩，礼服更为灿烂亮丽。如今，朝鲜族妇女在喜庆之日仍穿富有时代感的膝襴裙。

4. 大襴裙

有两条膝襴条的裙子为大襴裙，女子大礼服。最初为朝鲜李朝时期宫中妃、嫔、公主、翁主以及士大夫贵妇穿用。用纱或缎制作。比一般的长裙宽一幅、长30厘米，裙摆下端镶两道宽15～20厘米的饰条，两饰条之距为15厘米，饰条上用金箔绣多种纹样。花纹以身份不同而异，一般王妃为龙纹，公主、翁主为凤凰纹，士大夫妇女为花草纹。后流行于民间，至20世纪末仍有朝鲜族妇女在结婚或喜庆时穿着。

草鞋

五、足装

朝鲜民族的足装主要是鞋类和布袜。鞋和袜子的功能是护脚或保暖，但是在习惯上，朝鲜民族有不露脚的风俗，所以还具有民俗意义。按材质分麻鞋、草鞋、革履、木履、胶鞋、布鞋等。袜子的材质一般是布，但也有皮袜子。

米土里之一（规格：长27.5厘米，宽7.8厘米，高6厘米。制作于20世纪。）
米土里之二草雪靴（规格：长23厘米，宽7.5厘米，高7.7厘米。制作于20世纪。）
油鞋（革屐）之一（规格：长24.8厘米，宽7厘米，高8厘米。制作于20世纪。）
油鞋（革屐）之二

（一）鞋靴

1. 米土里

朝鲜民族民间普遍穿用的麻鞋称"米土里"。用麻线编织而成，其形制与草鞋相同，但比草鞋更为结实、美观。麻鞋一般在不种水稻的地方比较流行，富裕阶层的人们也穿做得精致的麻鞋。加细纸绳线编织的麻鞋和染漂亮颜色的麻鞋，主要是儿童和妇女穿用。20世纪中叶，麻鞋逐渐消失。

2. 草鞋

草鞋是朝鲜民族民间普遍穿用的，又称草履。朝鲜马韩时期已有草鞋。鞋面短，鞋底有四道竖基绳，编织比较粗糙。一般用稻草编织，也有用莞草和芦苇编织的。还有用染了各种颜色的草编织的。草鞋一般为庶民阶层的人穿用。在丧祭时，从初丧到卒哭也穿草鞋。

3. 革屐

朝鲜民族传统的皮鞋，又称油鞋。一般用牛皮制成，也有用马皮或狗皮制作的。制鞋前把皮料浸泡在苏子油里，然后把泡好的皮按鞋模子一层一层黏结，成形后鞋底钉一定数量的铁钉。男女皆穿，一般在走泥泞道路时使用。

木屐（男用）（规格：长32厘米，宽11厘米，高15厘米。制作于20世纪。）

4. 木屐

朝鲜民族的木屐，用轻而结实的赤杨木或松木凿制，船形、钩鼻。男式加工粗糙，女式侧面有花纹，鞋鼻儿尖且光滑。产生于16世纪末，19世纪在朝鲜普及，一般在下雨天道路泥泞时穿用。20世纪30年代，吉林延边地区还有人穿用。

5. 云鞋

云鞋呈舟形，钩鼻，用多层绸布粘贴做面，用布纳鞋底。鞋尖、鞋跟饰有云纹，故称云鞋。云鞋是妇女用鞋。现在朝鲜族妇女穿的钩鼻胶鞋，就是由云鞋发展而来的，是朝鲜族姑娘出嫁时穿用的鞋。

胶鞋（男用）（规格：长 25 厘米，宽 7.3 厘米，高 5 厘米。制作于 20 世纪 70 年代。）
胶鞋（女用）（规格：长 23.5 厘米，宽 6.7 厘米，高 6 厘米。制作于 20 世纪 70 年代。）
木靴（规格：长 26.7 厘米，宽 7.2 厘米，高 27.1 厘米。制作于 20 世纪。）

6. 胶鞋

朝鲜民族普遍穿用的用橡胶制成的鞋。船形，男式的鞋尖宽大，女式的像云鞋。1916 年开始制作胶鞋，一直延续到 20 世纪 70 年代，比草鞋结实，便于下雨天穿用。

7. 木靴

朝鲜民族传统婚礼上新郎穿的靴。用黑色毡子做面料，前头微钩，长筒。在靴脸围以细红绒装饰，靴底是厚牛皮。

布袜子

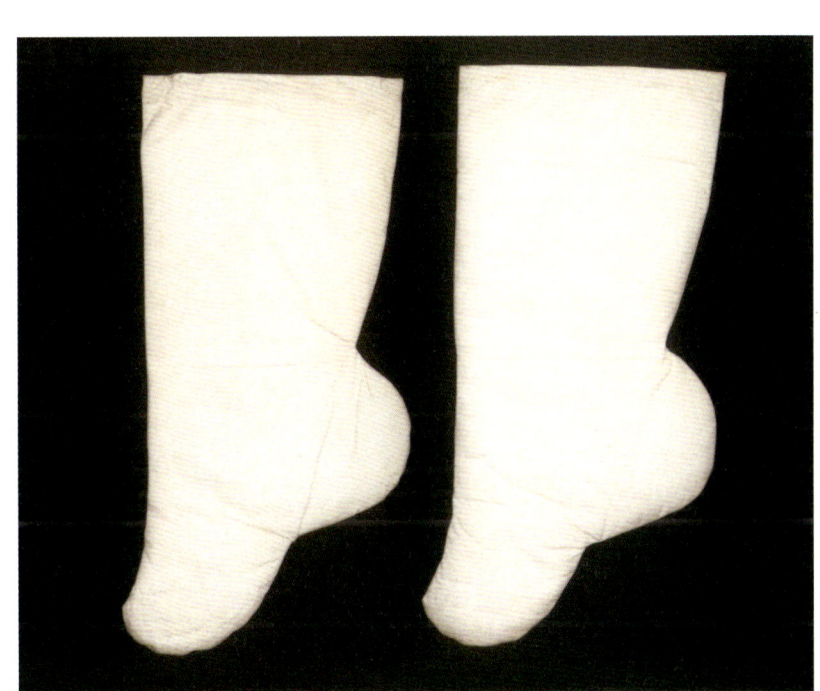

（二）布袜

朝鲜民族用棉布缝制的袜子。穿布袜的习俗出现于朝鲜三国时期，高丽、李朝时期已经十分普及，一直延续到20世纪后期。一开始用麻、绸缎制作，15世纪后普遍用棉布缝制。布袜按脚的形状设计，钩鼻尖。女子和小孩的布袜面上绣有吉祥的纹饰。朝鲜族有漏脚为耻的习惯，且不管四季，无论寒冷酷暑，外出或在家接待客人时都得穿布袜，并且以此来保持脚型。

第五章

服饰色彩与印染

　　服饰的色彩是体现一个民族文化特点的重要因素,它表现出民族的传统文化心理和审美观念。过去,朝鲜民族服饰的色彩一般为衣料的自然色,随着印染技术的进步,服饰的色彩不断丰富,具有多样性,而且特别鲜艳。

一、色彩构成

（一）色彩等级

人类在远古之时，或衣毛皮，或穿布帛，没有什么限制。随着阶级和等级观念的产生，统治者为了维护自己的权威，在衣着上制定了严格的等级制度。在封建统治阶级看来，服饰象征天地之德，是显示贵贱之仪的标志，因而王公贵人与庶民百姓的服饰绝对不可以混淆和逾越，否则就是风俗靡乱、法度不严。与之相应，衣服的质地、款式、颜色及其纹样也有明确的等级规定。穿了低于自己等级的衣服，有失身份；穿了高于自己等级的衣服，则是僭越行为。

依据《周官》《礼记》《尚书》及诸儒记说，中国在东汉汉明帝（58年）时第一次制定出了比较完备的服饰制度。规定：公主、贵人、嫔妃及列侯以上可以穿十二种颜色；俸禄为六百石以上的官吏可以穿九种颜色，但禁服丹、紫、绀三种颜色；俸禄为三百石以上的官吏可以穿青、绛、黄、红、绿五种颜色；俸禄为二百石以上的官吏可以穿青、黄、红、绿四种颜色；商人可以穿细缥（黄色）；庶民可以穿青、绿两种颜色；至于在官府听人使役的"趋走贱人"只能穿白色。从这里可以看出，身份越尊贵，允许穿的颜色越多，色彩也越华丽；与此相反，身份越卑微，可以穿的颜色越少，色彩也越朴素。

黄色系和红色系的麻布、苎麻布、棉布、绸布

红色和黄色麻布

粉红色、黄色、栗色、蓝纯棉布

　　服色上的这种等级制度，在朝鲜始于三国时期。百济的古尔王在公元260年制定了十六品官制与公服制度。规定：六品以上衣紫，七品至十二品衣绯，十三品至十六品衣青。同时规定，庶民百姓不得衣紫和绯。新罗在法兴王时期（514—539年）也制定出了类似的服饰制度。

　　由于封建统治阶级的服制规定，使得本来毫无尊卑差别的颜色也随之而带有了贵贱之分。从东汉汉明帝和百济的古尔王所制定的服饰制度来看，统治阶级专属的都是紫、红等华丽的颜色，而对白色则不屑一顾，因而都没有把它作为统治者们所用的服色。这种鄙视白色的观念，在中国历代的服饰制度里更为明显。不仅汉明帝把白色规定为社会最下层的"趋走贱人"所用的服色，唐朝时期也规定庶民百姓只能穿白衣，宋太宗在端拱二年（989年）也规定"庶人商贾伎术，不系官人伶人，只许服皂白衣"。宋孝宗对白衣的看法则更糟，当时有的士大夫喜欢穿"白衫"（白色便服），宋孝宗说这种衣服像"凶服"，下令禁服。

各种颜色的现代服饰（曹保明摄影）

（二）色彩观念

从历史上看，王公贵人和官宦们并不喜欢穿白衣，甚至屡下禁令不让国民穿白衣。封建统治者们之所以不喜欢穿白衣，有两种原因：一是封建等级观念。他们认为自己身份高贵，而白衣不足以显示他们高贵的身份。二是受了中国"五方色"说的影响。"五方色"是中国古代的思想家根据"五行"说和"五方帝"的神话传说创造出来的一种颜色观念体系。"五行"指的是水、火、金、木、土五种物质，中国古代思想家们认为世界万物都由这五种物质构成；"五方帝"是指东方的青帝、西方的白帝、南方的赤帝、北方的黑帝、中央的黄帝。"五行"与"五方帝"相联系在一起所形成的"五方色"的概念便是：东方为木，为春，其色青；西方为金，为秋，其白色；南方为火，为夏，其色赤；北方为水，为冬，其色黑；中央为土，其色黄。根据这个理论，中国历代的封建王朝在制定服饰制度的时候各自崇尚了不同的颜色：夏黑、商白、周赤、秦黑、汉赤、唐黄、宋明尚赤。

朝鲜半岛早在三国时期就已经懂得了"阴阳五行"法，到了高丽朝时期，在服饰制度上已经深受了中国"五方色"说的影响。《海东绎史》记载，忠烈王元年六月，大司局言："东方木位，色当尚青，而白者金之象也。国人……多褐以白纻衣，木制于金之象也，请禁白色服。从之。"（卷二十礼志·仪物）这是一段向国王请求禁止百姓穿白衣的奏文。大司局认为，高丽国位于东方，应当崇尚青色，而老百姓却都偏偏爱穿白色衣服，这是东方受制于西方的征兆，应当禁止。国王听从了大司局的这一建议。从这段记述可以看出，高丽的封建统治者们已经把"五方色"说当做了确定服色的理论依据。在"五方色"说的影响下，自高丽朝以后的封建统治者们在服色上崇尚的是黄色与紫、红、青等颜色，因为黄色象征中央，象征皇帝，紫、红能够显示富贵，青色象征位于东方的朝鲜。对于白色则视为贱色，因为它象征西方，象征寒秋，象征阴。因而从高丽朝的忠烈王时期，特别是到了李朝时期以后，屡下诏令禁止百姓穿白衣。朝鲜民族喜欢穿白衣，这应该指普通老百姓而言，他们地位卑贱，生活贫穷，无须显示自己的身份，因而在服饰上所注重的不是它的象征性，而是实用价值。颜色对他们来说没有贵贱尊卑之分，因而在服饰颜色的选择上全凭个人感情上的好恶而予以取舍。白色虽然不及紫、红、黄、绿等艳丽的颜色显示荣华富贵，但给人以洁净、纯朴、淡雅的情趣，是其他任何颜色所不可比拟的。

（三）色彩种类

上古时期，朝鲜民族的基本衣料为粗麻布、苎麻布等，其自然颜色为淡黄色，经多次洗涤漂成白色。因此，当时的服饰颜色以素色为主。进入封建社会，社会等级制度极为严格，以服饰颜色来区分贵贱尊卑。在朝鲜半岛，王公贵族的服饰颜色主要有大红、朱红、紫、绯、赤褐、黄、绿、豆绿、黄褐、土黄、灰、青、黑、黑绿等，上流阶层的公服颜色定为紫、绯、赤等红色系列，后来按等级分为大红、紫、绯、赤、绿。平民百姓

各种颜色的现代服饰（曹保明摄影）

各种彩线（李光平摄影）

色彩鲜艳的姑娘服饰
新郎新娘及花童服饰
（李光平摄影）

的服饰颜色始终是自然的素色。

朝鲜民族服饰的色彩因受到"阴阳五行说"的影响，以"五方色"作为服饰的基本颜色，但是随着染色技术的发展，出现很多中间色，使朝鲜族的服饰颜色变得多种多样。

1. 黄色系列

正色为黄色，还包括淡黄色、鹅黄色、鸡黄色、玄黄色、松黄色、米黄色、茶色、土黄色等。过去，黄色被视为神圣之色，一般人不能穿黄色衣服，在传统的婚礼中新娘多穿黄色上衣。

2. 红色系列

正色为红色，还包括大红色、浅红色、茜草色、胭脂色、绯色、朱红色、粉红色、桃红色、紫色等。红色是仅次于黄色的重要颜色，成为封建王公贵族的象征性颜色，后来流行于民间，多为妇女和儿童所用。

3. 青色系列

正色为青色，还包括雅青色、深绿色、碧色、黑青色、绀色、深青色、绿色、草绿色、柳绿色、豆绿色等。青色是从王公贵族到平民百姓广为使用的服色。

4. 黑色系列

正色为黑色，还包括玄色、淡黑色等。过去黑色多用于贵族服饰，或用于官服，或用于冠和鞋。在民间，过周岁生日的男孩戴的幅巾就是黑色的。不过，朝鲜族历来不甚喜爱黑颜色，黑色衣服很少见。

5. 白色系列

正色为白色，还包括青白色、乳白色、淡白色等。朝鲜民族的传统服饰中最为普遍的颜色是白色，不管尊卑贵贱，人们都喜欢穿白色衣服。

用黄连、红花、蓼蓝、栀子等植物染色的绸布

用各种植物染料染好的绸线
各种颜色的布料（曹保明摄影）

二、印染技术

（一）印染渊源

朝鲜民族的染色技术，起源甚早，通过长时期的发展，形成了规范的技术体系。

早在朝鲜三韩（马韩、弁韩、辰韩）时期（公元前2世纪至公元后4世纪），人们已懂得了养蚕种麻，织造了绢、丝、麻等布料，服饰基调为自然色。扶余国时期，一般穿用白布缝制的衣服，但出国时穿缯、绣、锦、罽等印染制品。朝鲜三国时期，随着社会生产力的提高，染织工艺也有了相当大的发展。在封建社会里，染织品是王公贵族们显耀权威和身份的奢侈品，在对外交易中染织品作为贡品和礼品广泛使用。在新罗国，染织业分工细致，设置"染宫"专管印染事宜。染坊中又细分"红典"（专门负责用红花染红色的工序）、"苏芳典"（专门负责用苏木染色的工序）、"彩典"（负责其他颜色的印染工序）。另外还设了专门负责栽培颜料植物的"攒染典"，洗涤、漂白布料的"漂典"，精炼织物的"曝典"等专坊。这一时期的染色方法有捺染、防染、浸染等。朝鲜三国时期代表性的印染色彩分别为：高句丽——紫、青、绛、绯、赤、黄、乌；百济——紫、皂、赤、青、白；新罗除了上述色彩以外，还有黑、碧、缥、翠、深青、赭黄、红、黄屑、紫等。当时以阴阳五行学中的五正色——赤、白、黑、青、黄和混合于五正色的五间色——绿、碧、红、朱黄、紫色为基本，构成了丰富而多样的色彩体系。

朝鲜高丽朝时期，继承了三国时期的染色技术，广为推广，并且在色彩的种类上加以丰富，红色系统和黄色系统的颜色较为突出。这一时期纺织业比较发达，普遍采用先染线后织布的方法。高丽朝廷专设了"都染署"，招募印染工匠，控制染色业，使其成为当时最为重要的手工行业。

朝鲜李氏王朝是中央集权制高度发达的封建王国，比起上一朝代，阶级分化更加明显，身份等级制度更为严格，民间使用的色彩和纹样受到更多的限制。染色业是官府专属机构，分工非常细致，垄断了整个印染行业，民间只有自给自足的小规模作坊。到了李朝后期，随着市廛店铺行业的发展，官府专控的手工业趋于衰退，逐渐民营化，当时的纺织业和印染业也转化为民间的私营作坊。李朝时期的染色方法主要是浸染，上一朝代比较发达的"彩绘染"（捺染的一种）和"缬染"（防染的一种）等染色技术基本消失，烫金箔的"印金"技术仍然沿用。

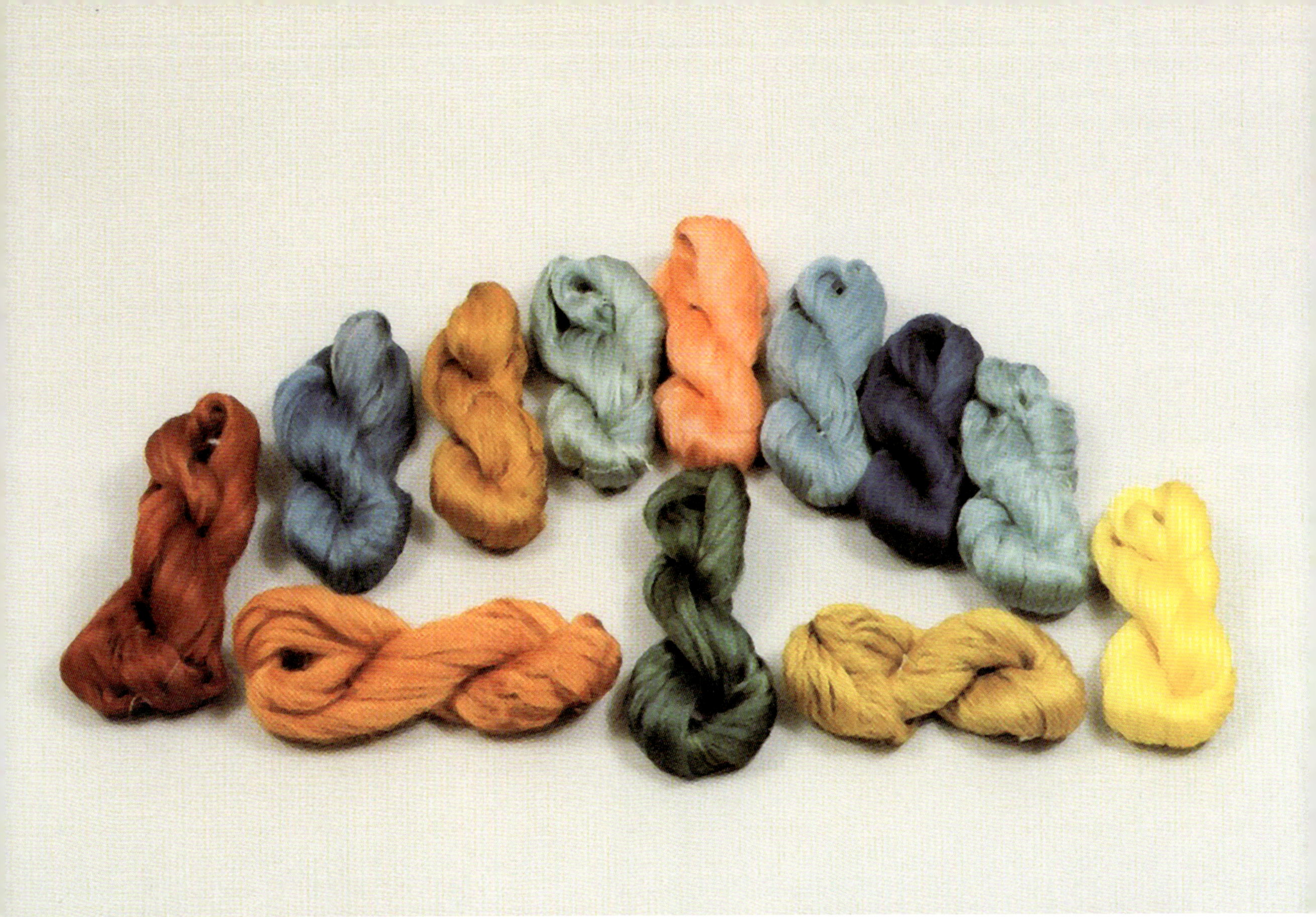

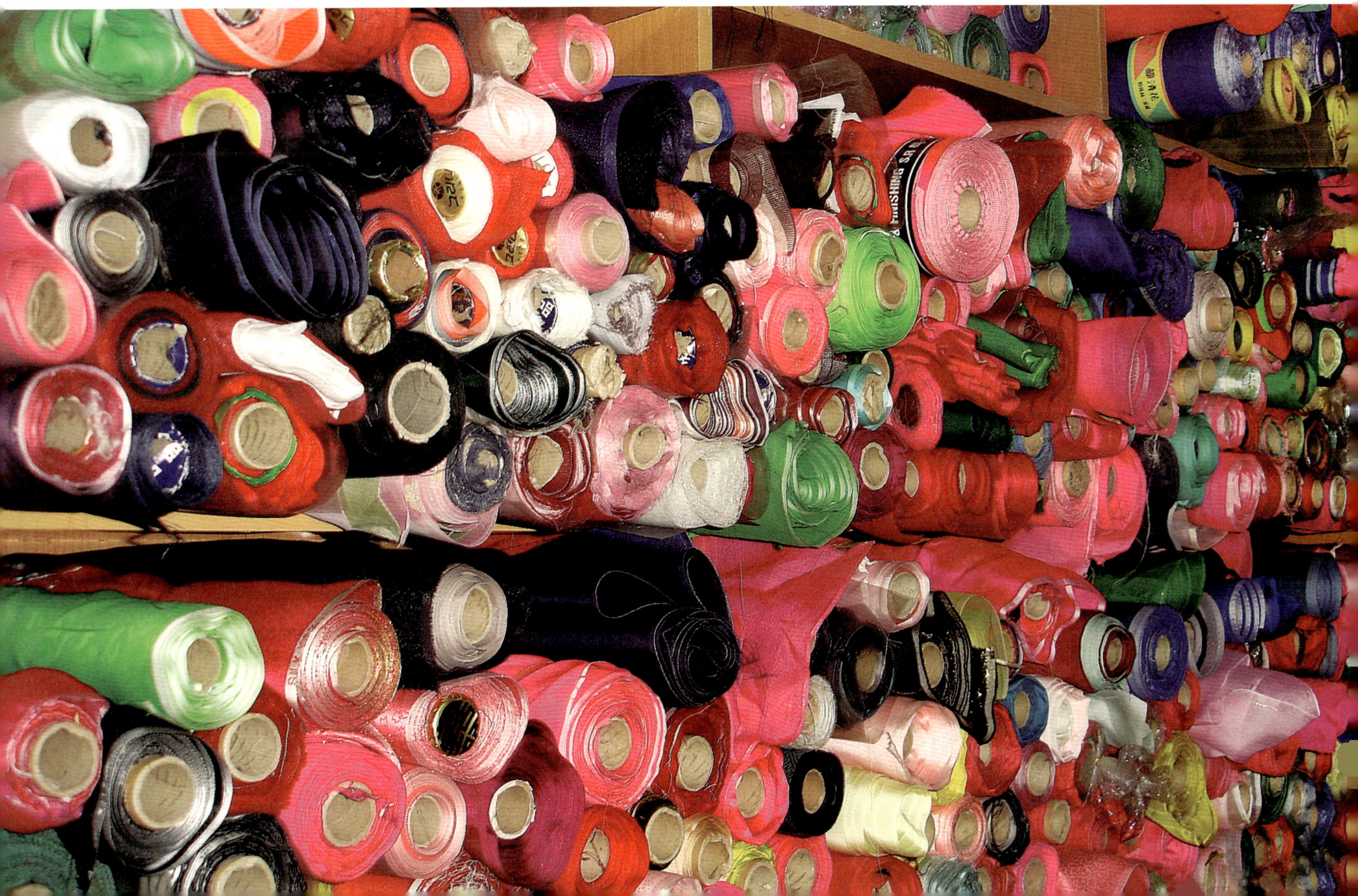

红花——黄色和红色系统染料
紫草——紫色系统的染料

(二) 印染工序

1. 颜料和配色

近代以前的颜料主要取材于自然界的植物和矿物质，其中植物性颜料甚多。比较常用的植物有红花、苏木、紫草、蓼蓝、黄檗、槐花、桑木等。

红花：菊花科的一年草本植物。6—7月份开始开花，起初呈黄色，逐渐变成黄赤色。花瓣含有水溶性的黄色素和火溶性的赤色素，可用于黄色和红色系统的颜料。原产地是埃及，汉代汉武帝时由中国传入到朝鲜半岛，朝鲜三国时期专设名为"红典"的红花染色作坊。把红花装入陶缸里，浸泡在软水（没有或只有少量镁盐或钙盐的水），搁置一个月左右，经过与柚子叶汁、五味子汁的搅混过程，提取深红色颜料。

苏木：豆科的常绿小乔木。心材浸液可做红色染料，根可做黄色染料。原产地是东印度，公元3世纪传入中国。把苏木切成小块，泡在开水里显现深色为止，煮透，将深色苏木液与明矾装在水罐里搅拌，提取木红色颜料。

紫草：多年生草本植物，根粗大，紫色，叶互生，披针形，全缘，花白色，果实有四分果，粒状，根

蓼蓝——蓝色系统的染料

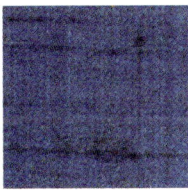

供染料及药用。

蓼蓝：一年生草本植物。叶含蓝汁，可制染料。蓼蓝是世界上最早的染料植物之一，公元前4000年，已有了蓝染法。蓝染时根据染料的还原和氧化的不同条件，可获取雅青、绿、青绿、青、玉等颜色。

黄檗：芸香科落叶阔叶乔木，内皮色黄性寒味苦，可入药，亦可做染料。其皮液汁呈绿黄色，与蓼蓝草颜料搅混，提取绿颜料。

槐花：豆科落叶阔叶植物槐的花或花蕾，其花用于药材，其花蕾用于颜料。与蓼蓝草颜料搅混，能提取草绿色颜料。

桑木：桑树枝含有色素。粗树枝横断面呈现色素层，其中心部位有红色素层，能染骆驼色，其中心周围有黄色素层，能染黄金色。

2. 古代染色方法

早在朝鲜三国时期，就从中国传入系统的染色方法。当时比较出名的染色方法有捺染法、防染法、浸染法等。

捺染法：此染色法大体上包括两种，一种是用毛笔直接在布料上绘制颜色的彩绘染；另一种是用印刻花纹的木板涂上染料直接在布料上施纹的印花染。

防染法：防染法主要是缬染，包括夹缬、绞缬、蜡缬等三种染法。夹缬，是一种在织物上印花染色的技艺，它起始于中国东汉时期，曾经盛行于唐代的宫廷和民间，至今已有1000多年的历史。绞缬，在民间通常称之为"撮花"，今天也称其为"扎染"，染前对织物进行缝绞、绑扎、打结处理，以造成染液在织物处理部分不能上色或不等量渗透，而达到显花的目的。绞缬的技法一般可分作缝绞法、绑扎法、打结法，流行于中国的东晋和唐代。蜡缬，以蜡作为防染剂，在白布上画花，再浸到蓝靛中染色。

浸染法：把线团和布料浸泡在染料液中染成单一色彩的方法。先染线团然后用线织布获取单一色彩布料的方法叫先染法，用白线先织布然后染布料的方法叫后染法。在古代，织锦、二色绫等布料采用先染法，织绸、绢等布料采用后染法。浸染法还用于毛织品和皮革的染色。

3. 民间染色方法

花草染法：从前，朝鲜族居住的地方生长着诸多植物，如杜鹃花、青叶草、马兰、阳铁叶等，这些都是民间的植物染料。当地人常常把这些植物加工制成各种颜色的染料，用于染布。而有一些服饰直接保持着原来的颜色。如老年人和尊贵人家的麻布衣襟就是自然的原色。

蓝衣红裙的姑娘（李光平摄影）

长白山区的红色植物染色

在东北民间，麻叫花麻和钱麻。花麻又叫荨麻，土名哈拉海，在夏秋季节里散发出淡淡的清香。秋季麻就成熟了，当地的百姓便把它割下来，投放到村口的大小泡子里去泡，俗称"沤麻"。当地还有一首歌谣唱道：

身穿绿袍头戴花
我跳黄河无人拉
只要有人拉出我
一身绿袍脱给他

说的就是"脱麻"制绳制麻线之事。这种麻沤好，再扒去皮，便成了上好的麻线，而它的颜色便固定下来了。

还有，到甸子上采来一些"靛果"（一种叶状植物），碾碎投入大缸中沉淀，之后便将白布投入其中，染成黑布。这种技术在朝鲜族民间普遍使用。

树皮染法：长白山区的老林子里生长的各种树木，大多是重要的染料来源。居

将染好的布料晒干
雾色喷染
（曹保明摄影）

住在山里的各族人民很早就掌握了用树皮取染料染制衣物的方法。

据清光绪三十四年（1908年）《长白山江岗志略》（刘建树著）记载，当时有多人进山采树皮，以充当染料。起初，从树皮中取材只是用于"熟皮子"（指东北人穿乌拉、戴帽子得先熟制各种皮张），可是在反复的实践中，人们发现了其"染料"的功效。《长白山江岗志略》记载："余过岗，途遇张君云龙。据称，调查东山各种树皮。凡植物中，含有涩性者，约数百种。无论根株花果，枝叶壳蒂，皆能考验，以作硝皮之用。现已研究十数种，唯檞皮为最。他若榴柿、松杉、栎、核桃、栗子、酸杏各种，皆可用。如岗后山榛、山李、山柰、山梨、山核桃、山色木，以及王勃骨头、臭李子杆，皆含有涩性。而不知其名者，为数尤多，皆宜。"

制作这种"染料"的方法是：先将树皮上锅蒸，称为"蒸料"。然后碾压，称为"碎料"。碎料后，投入大池子里浸泡，称为"醒水"。经过若干时辰，再将沉淀后的清水倒出，剩下的底子，便是"料块"了。染布时，将料块投入缸中溶均，将布投入其中浸泡一定时辰，再提出晾晒。这是一种自然的原料，内中散发着自然的芬芳。

雾色喷染：将植物中提取的色彩溶解在液体里，然后再通过雾化作用，将染料喷洒到布料上。朝鲜族民间从近代开始使用这种印染技术，至今仍

裙子（曹保明摄影）

在普遍用。

　　喷制时，先把一料白布挂在一个横杆上，喷色人手提喷色器，一按手钮，喷口立刻喷出雾一样的颜色……如果你在印染作坊观看他们的喷染过程，那简直是一种精神上的享受。只听喷色器呼呼响，转眼间，一块白布料就变成了你想要的颜色了。

第六章

纹饰与刺绣

　　朝鲜族服装纹饰多样,而且各种图案、纹样都有其独立的规俗。刺绣是朝鲜族妇女日常生活的重要内容,反映了她们美好细腻的生活情感和聪明智慧、外柔内刚的优良品格。

双龙纹膝襕段（膝襕裙的装饰布条）
植物纹、吉祥文字膝襕段

一、纹饰形式

服装纹饰是服饰文化的重要组成部分，也是民族文化的符号和象征。它可以增强服饰的美感，也表现一定的文化意蕴。

（一）纹饰种类

朝鲜族的服装纹饰，最初为点状纹、线状纹、点线结合纹、闪电状纹、几何纹、云彩纹以及荷花纹等。在这些传统的装饰纹样中，较为普遍的是几何纹。后来，随着社会文化的发展，朝鲜族服饰的传统装饰纹样变得丰富起来，出现了各种植物纹、动物纹、吉祥文字，等等。其中十长生（太阳、山、水、石、云、松、不老草、鹤、龟、鹿）和四君子（兰、菊、竹、梅）纹饰较为突出。另外，植物纹样主要有牡丹、梅花、杏花、桔梗花、荷花、菊花，葡萄藤、枫叶、葡萄、石榴、桃、葫芦、灵芝、松树、柳树等，动物图案主要有虎、鹰、鹿、白鹤、龟、蝙蝠、鸳鸯、大雁、蝴蝶等，吉祥文字主要为福、寿、双喜、五福、富贵、康宁、多男等。这些装饰图案形象地体现了朝鲜民族的传统文化心理、价值观以及审美情趣。

朝鲜民族服装纹饰制作的历史比较久远，早在朝鲜三国时期就已有很高的制作技术，如在衣料上直接染色的方法，直接绘画的方法，用金箔、银箔烫印的方法，刺绣的方法等。普遍使用的是染色之法，刺绣和绘画的方法也备受青睐。绘画烫印方法比较容易，所以广为使用。刺绣的难度较大，需要一定的技巧，但绣出来的纹饰有立体感，适用于高档的服装和佩饰。直接织纹的工艺要求很高，在过去一般是给贵族阶层做衣时才特制。如今采用的施纹方法也是上述的这几种方法，只是机械化程度较高而已。衣服纹饰按材质采用不同的制作方法。直接织纹的方法，只适用于绸缎料；其余的制作方法适用于绸缎、棉布、毛织品等。麻布和苎麻布，其质地比较稀疏，一般不用饰纹，直接裁缝做衣。

双虎图案背胸
双鹤图案背胸

礼服阔衣上的装饰图案（前）
小孩帽"咕儿列"上的花纹

（二）纹饰寓意

在花卉纹样中，牡丹象征富贵、幸福、昌盛，梅花用来比喻高尚的品格与节操，而在朝鲜族民间，这两种花还是健康长寿的象征；荷花则在朝鲜民族习俗中象征男女和合与生命创造。

在植物纹样中，葡萄和石榴是多产多子的象征，葫芦也象征着多子。朝鲜族民间有这样的说法：一个葫芦有许多籽，把它们全部种上，可收获一百个葫芦，这也就是"一个葫芦生百子"之说。葡萄藤也因其生长特点，蕴含了子孙连绵不断之意。桃、灵芝、松等则用来表示长寿。上述的图案多用来装饰朝鲜族女性和孩子们的衣服和佩饰。再如，在动物纹样中，鹿、白鹤、龟等象征长寿。鹿历来以美丽的外形和温顺的性格被称为"仙灵之兽"。古人认为："鹿寿千岁，满五百年则其色白。"这样，鹿在民间就成为长寿的象征，朝鲜族的"十长生"里就包括鹿。白鹤也被古人称为"千兽灵禽"，白鹤图案多以松树为背景，以

发带——花纹 | 147

体现"鹤寿千年""松寿万年"。龟在民间有其神秘的意义，其背隆起，而肚平平，暗合"天圆地方"，人们认为其具有神性，万年不死，因此朝鲜族自古就把龟当做长寿的象征。蝙蝠在朝鲜族民间被视为幸福的象征，两只蝙蝠为双福，五只蝙蝠就是五福。

二、刺绣技艺

朝鲜族刺绣已有两千多年的历史。朝鲜族刺绣技艺也是民间的造型艺术，文化内涵非常丰富，如果没有刺绣艺术的点缀，朝鲜族服饰和日常生活用品的艺术魅力和文化价值就大打折扣。

（一）刺绣渊源

《三国志·东夷传·扶余》载："在国衣尚白……出国则尚缯绣锦罽，大人加狐狸、白、黑貂之裘，以金银饰帽。"公元前 3 世纪，扶余国的官员出国时穿的官服上已有了刺绣。

在朝鲜三国时期的高句丽（公元前 37 年—公元 668 年），"衣服皆锦绣，金银以自饰"（《三国志·东夷传》），纺织品及刺绣有了广泛的应用。在朝鲜三国时期的新罗（公元

匙箸袋——吉祥文字
笔囊——十长生图案

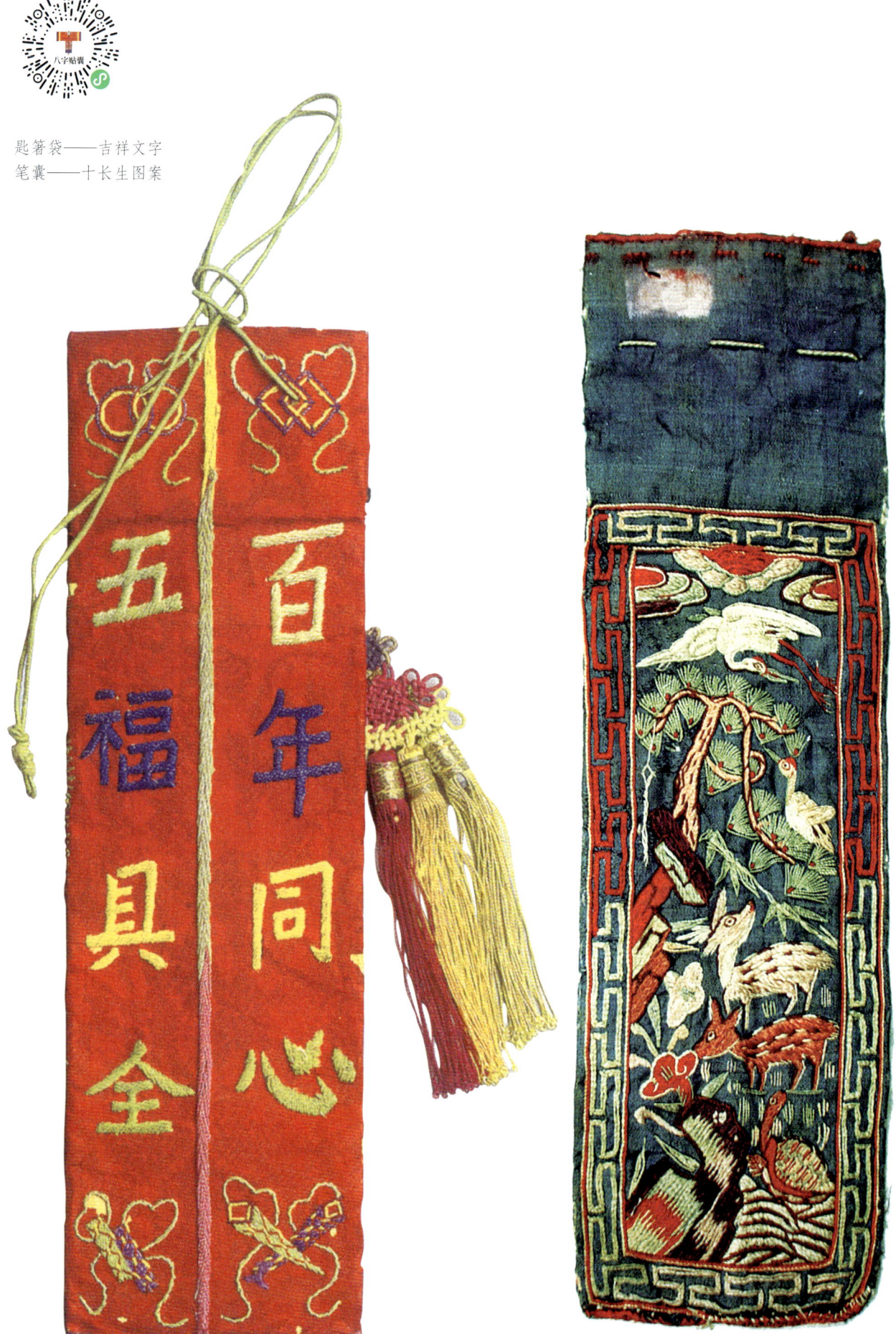

匙箸袋正面，绣有象征长寿的十长生纹
匙箸袋背面——吉祥文字

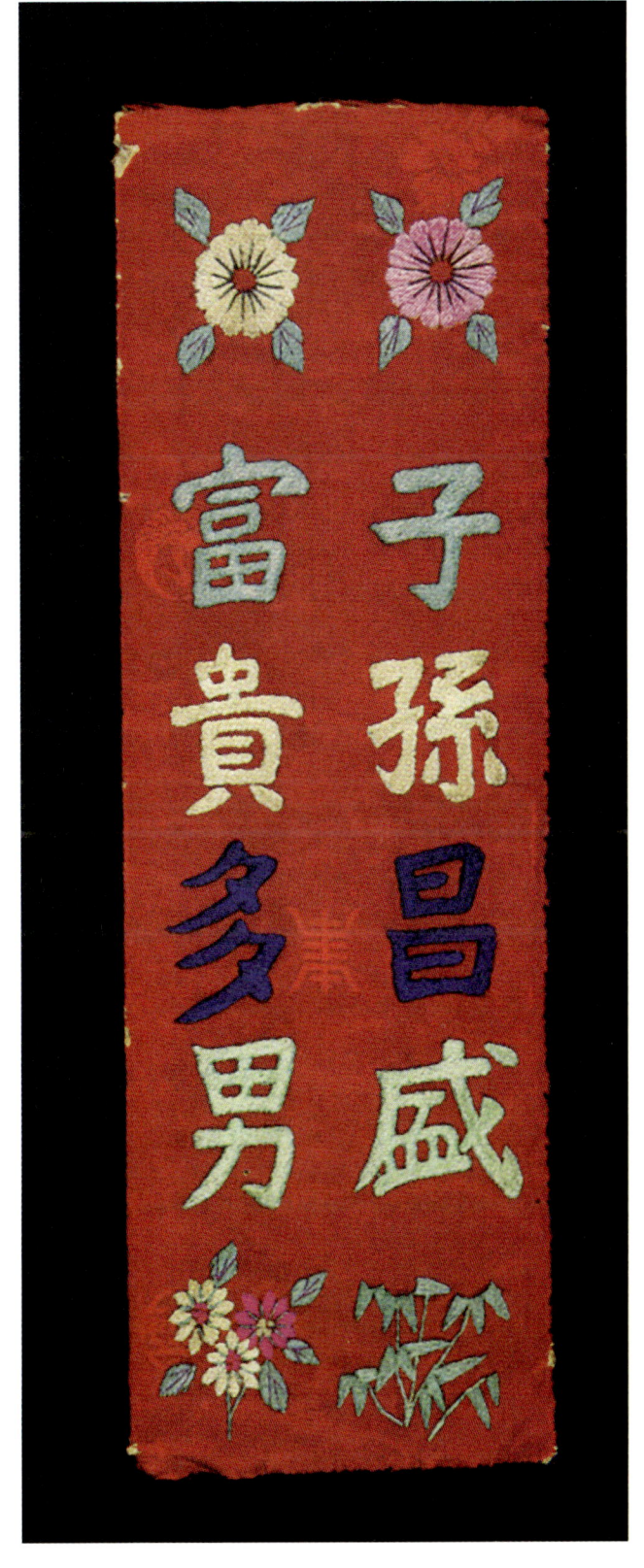

绣有蝙蝠纹的顶针，蝙蝠象征着福分
心叶形针包，边缘绣有锯纹，象征多产，两面绣有花朵，象征幸福

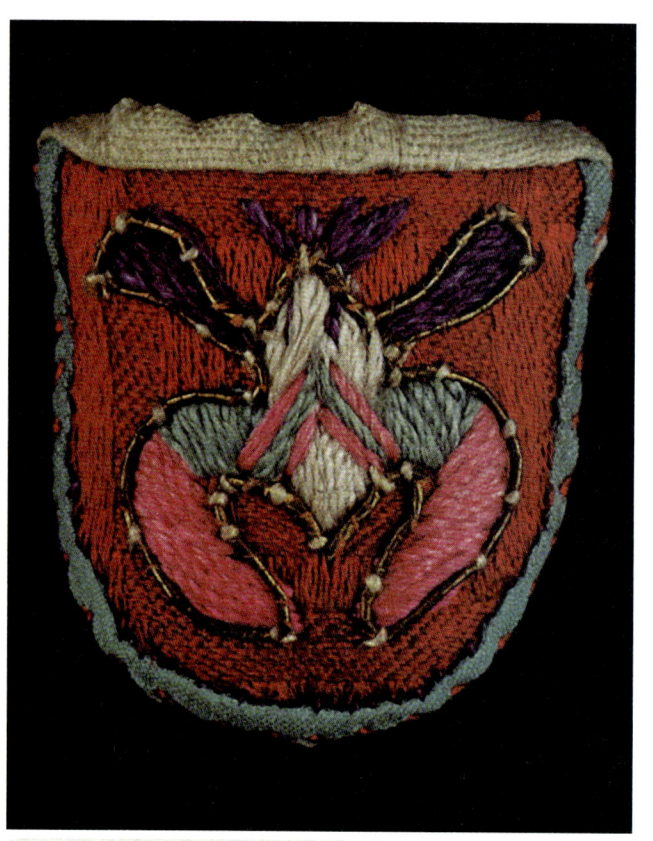

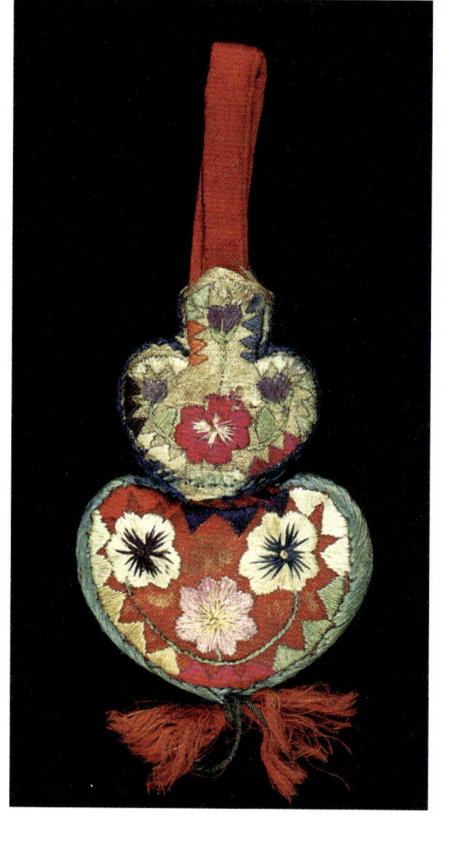

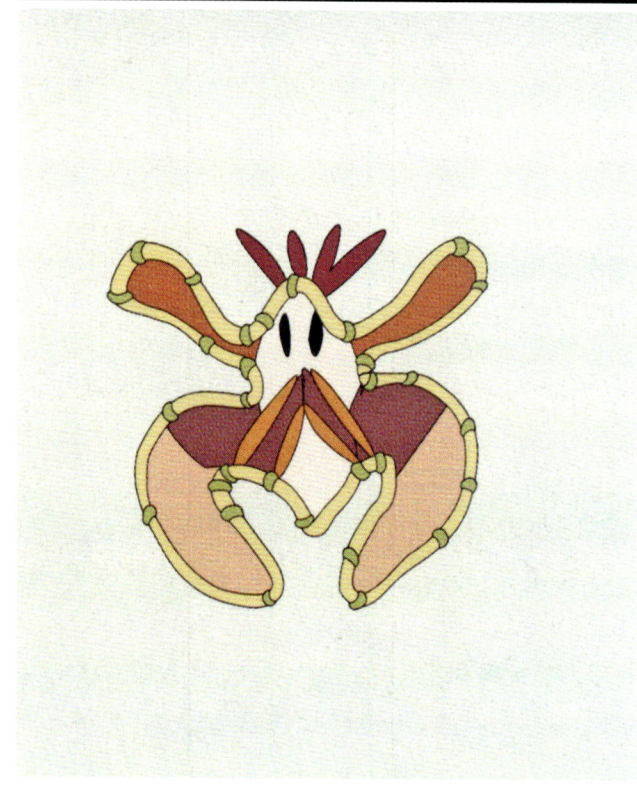

前57年—公元935年），"真德女王即位，自梨太平歌，织锦为纹，命使往唐文献"（金富轼编：《三国史记·新罗本纪》，朝鲜高丽王朝仁宗二十三年）。有一件善德女王赐给净岩寺的刺绣袈裟，保存至今。到了统一新罗时期，盛行"锦绣为佛事"，出现了绣佛艺术，并传入日本。

朝鲜高丽时期（918—1392年），刺绣非常普遍，不用说贵族和富户，只要有财力，连一般百姓也可以穿上奢侈的绣花上衣，甚至裤子、腰带、扇套、马具、幕、帐、枕头等都要刺绣，可见刺绣在日常生活中被广泛应用。高丽末期的二十二年(1168年)和辛祸元年（1375年）曾下达禁止过分刺绣装饰的指令，足可看出刺绣在当时的繁荣和影响。高丽国王朝把佛教定为国教，佛教刺绣有了进一步的发

圆形的荷包，一面是牡丹，另一面是寿福，表现荣华富贵，夫妻融合，长寿多福的心愿

方形荷包，一面绣祥云、太阳、一对鹿、松树、岩石、波浪、不老草，两角绣有牡丹；另一面中部绣有盛开的牡丹、飞舞的蝴蝶；包口绣有菊花，两角绣蝙蝠

荷包之一
荷包之二

展，其种类有绣佛、袈裟、陀罗尼囊、佛经表纸、幡旗、垂饰，等等。

朝鲜李氏王朝时期（1392—1910年），刺绣已成为女人生活的一部分，针、花线、顶针、绕线板、熨斗、烙铁、针线筐箩等刺绣用具被称作"闺房七友"，是姑娘必不可少的嫁妆。这时期的刺绣分为官绣和民绣，官绣是宫廷绣房里的刺绣，专为王室贵族和文武官员绣制衣服。受中国的影响，朝鲜也实行了公服制度，各级官员衣服上的刺绣图案也不同，包括背胸（补子）、后绥、佳服、头冠、饰件、香夷等。民绣是一般家庭妇女的刺绣，家庭妇女按自己需要和凭自己的审美追求在衣物、头冠、鞋、袜、枕头顶、垂饰、镜盒、带子等上绣上各种图案。

清末、民国时期，在迁居过程中，朝鲜民族人民仍然传承了包括刺绣技艺在内的民间手工艺，使其成为生活文化的重要内容。大批的朝鲜百姓迁入到中国东北地区，垦荒种地，报户扎根，开辟了新的生活家园。许多宫中才人和民间艺人也跟随迁徙行列移居到中国，将刺绣等朝鲜民族民间手工技艺带到中国并成为维持生计的手段。新中国成立初期，在党的民族政策的指引下，民间技艺得到传承和发展，朝鲜族的刺绣在民间广为流行，仍保持了传统的艺术风格。朝鲜族的刺绣制品涉及生活的方方面面，在服饰和日常的生活用品中都能看到刺绣艺术的痕迹。进入21世纪，随着社会文化转型，刺绣技艺面临着时代的挑战，传统

荷包之三
荷包之四

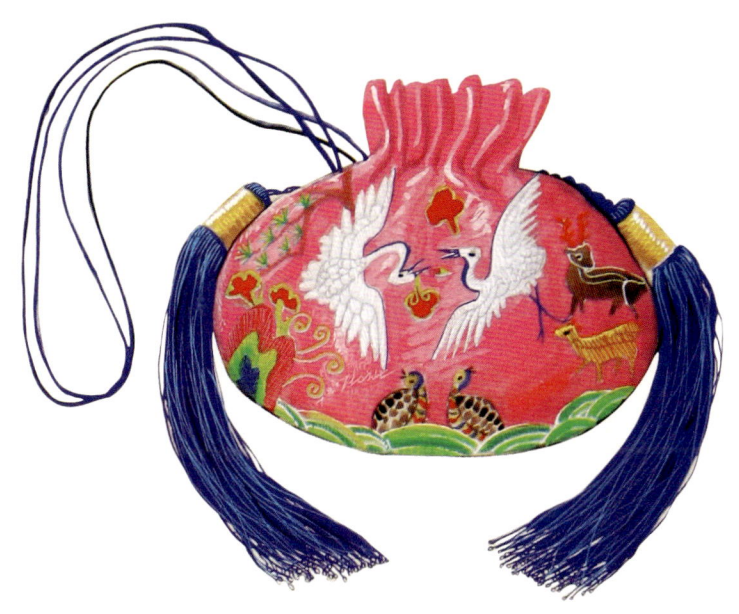

的手工生产受到冲击，掌握传统技艺的艺人越来越少。

（二）刺绣技法

按艺人的身份，朝鲜民族刺绣分"官绣"和"民绣"。在封建王朝时期形成的"官绣"，是一种以规范的绣本为样板，格式化、固定化的刺绣方法，其手法细腻，色彩调和，明显反映出贵族阶层的审美情趣。"民绣"一般不按照绣本，只是以各自的爱好和情趣，把自己所看到的、自己所感受的情景直接反映出来。虽然不太精致，但是能体现出朴素、充满生机的艺术特征。

朝鲜民族刺绣制品，种类繁多，集中表现在服饰和日常的生活用品当中。传统的礼服、坐垫、枕头、鞋袜、襁褓、包囊、屏风、挂毯等都是绣品。按制品的功能和用途，可分为"服饰刺绣""生活刺绣""欣赏刺绣"等。

刺绣品的主要材质是绸缎和彩绸丝。绸丝的色彩，来自大自然的矿物质和植物性颜料。刺绣的技法很多，其中，比较流行的有平绣、长短绣、分缝绣、平沟绣、萦绕绣、松叶绣等技法。

平绣：将针线平行穿行的技法。针直接穿通两面，按斜线、垂直、水平等方向穿刺，体现多样的装饰效果。平绣一般用于文字和器物、花瓣和叶子以及水流、地面、岩石等自然风景为基调的刺绣作品。平绣

第三代传承人刘松玉向年轻绣娘传授刺绣技艺（李钟杰摄影）

是最基本的刺绣技法之一，朝鲜族的多种刺绣技法都是在平绣基础上发展出来的。

长短绣：一次长、一次短将刺绣线条反复穿行的技法。绣出直线、曲线的线条，突出色彩的深淡、亮度反差，凸现物体的细微形态。长短绣主要用于表现天、土、水、花瓣、叶子、鸟的形态，以从外到里的穿刺技法作为基本手法。

分缝绣：以刺绣对象的中心为基线，使图案左右对称的技法。因为其每个线结以中心线为基准处于相反的位置，根据光线程度自然显示色彩和亮度的反差，突出刺绣对象的立体感和质感。分缝绣广泛应用于枫叶、鸟尾毛和翅膀、树叶、星星等图案。

平绣
松叶绣
长短绣、分缝绣
萦绕绣

平沟绣：其技法与平绣相似，只是更为突出线条交叉的效果。这些交叉的线条有一定的倾斜度，倾斜度小，显现柔和的感觉；倾斜度大则色彩、对比度明显，给人强烈的视觉感。此技法一般应用于波浪、树林、岩石、树叶、雾气等造型。

萦绕绣：按照物体的轮廓线以简短的斜线结萦绕边缘的技法，又称边缘绣。线条粗细不一，凸现直线、斜线、曲线等不同的线条。

松叶绣：按松叶状穿刺线条的技法。一般用于针叶树木的刺绣。

第七章

服饰裁缝与保存

衣食住行是人们生活中必不可少的基本要素，衣在当头，因此针线功夫相当重要，它是女子的主要生业活动。朝鲜族在日常生活中非常讲究整洁和干净，其中服装的保养和存放尤为讲究，这是朝鲜族妇女一年四季都要关注的家务。

服装缝纫
服装裁剪
检验服装质量
（曹保明摄影）

一、裁缝技艺

（一）缝制工序

过去，朝鲜族的传统服装是通过手工裁缝来完成的，因此自古以来针线活就是朝鲜族女性最为关心的事情。她们精巧的手艺传递其柔和温暖的情意，这也是评价女性品德的一个标尺。

朝鲜族的抓周礼中，剪刀、针线是女孩的抓周礼桌上必不可少的物品，以此来祝愿女孩长大后心灵手巧。在朝鲜族家庭，女孩到了五六岁就要开始学习针线活。因为布料比较珍贵，一开始只让孩子用布条缝制包袱之类，学习缝制基础。到了结婚年龄，女孩子要自己做彩礼用的衣服，并学做男子衣服。出嫁以后，婆婆要求儿媳做各种衣服和刺绣品。做针线活不是单纯的缝衣过程，也是妇女们表现和传授恭敬老人的妇德的媒介。除夕要给老人做新年穿的衣服，冬至日媳妇要做一套布袜赠送婆婆，祝愿婆婆无病长寿。朝鲜族妇女非常重视缝衣、穿衣、存衣的全过程，认真地做好相关的每一件事情。

缝制朝鲜族服装也有一定的工序和技巧。朝鲜族服装为平面裁剪，以直线为主，只用直尺量身体的胸围、臂长、身长，其他部位按照规律一一算出。用厚纸做一套衣服模本，然后按模本画线、裁剪。因为衣服款式设计、裁剪比较费事，一般先制作不同款式的模本，妥善保管。裁缝中，很重视穿衣人的年龄，给小孩和年轻人做比较紧身的款式，而给中老年人则设计比较宽松的款式。其中做女子则羔里难度最大，考量制衣者的基本功和智慧。只要会做女子衣服，其他类型的衣服就很容易做了。

熨板

针线活也有禁忌习俗。"婚需品，八字不顺的寡妇或没有生儿子的女人不能做。""做寿衣时针不能向后缝，线不能打结。如针向后缝，死者的灵魂就会在阳间转悠而不能顺利到达阴间；如线打结，就是人间的怨恨没有解开而带到阴间，会给后代造成意想不到的伤害。"等等。

（二）裁缝工具

衣料和衣服的处理也非常重要，它直接影响到衣服的质地和效果。平整衣料和衣服的工具有熨斗、烙铁、槌衣台、棒槌、卷衣棒等。朝鲜族有对衣料和衣服上米糊水的习惯，米糊一般用大米或面粉稀做。上糊的方法，按季节和衣料质地，采用不同的糊，厚度、浓度有所不同。比如，夏天上浓度厚的糊，阳光下强晒。整平时，先将衣物放在砧台上用棒槌捶打，可将布面捶平，但折叠的部分无法平整，于是需用卷衣棒卷起衣物，再次用棒槌捶打，即可除掉褶子。绸缎衣料一般只用卷衣棒。

1. 卷衣棒
2. 石砧
3. 木砧、棒槌
4. 针线箩
5. 熨斗
6. 烙铁
7. 绕线板
8. 剪子
9. 针盒
10. 直尺
11. 顶针

卷衣棒（朝鲜族平整衣服、衣料的用具，俗称"红都盖"。用檀木制作，圆柱状。捶打时用一手握把边打边转。规格：长82厘米，直径8.0厘米，一端有4厘米长的手把。流行于20世纪70年代。）

石砧 棒槌（石砧，用于平整衣物褶子。用青石磨制，平面呈长方形，底部四角各有一方柱形足，四足外表，刻有唐草纹、水果画。先将洗净的衣服上稀米浆，略干后就折叠起来放在石砧上，用棒槌捶打，使衣物平整。规格：长63.5厘米，宽25.6厘米，高9.6厘米。流传至20世纪末。）

木砧 棒槌（木砧，平整衣物褶子的工具，多为一段原木，平面呈长方形，底部四角各有一方柱形足。棒槌为木质，圆柱状，头粗尾细，长41厘米，一般成双使用，可一人左右手各执一根轮番打击，亦可两人各执一棒轮捶。均系20世纪60年代前制作。）

针线笸（用于存放针、线、剪子等缝纫工具。用细柳条编织，笸形，有盖。过去，衣服和布袜等全靠针线缝制，又都由妇女承做，因此针线笸就成了妇女的必备品，姑娘的嫁妆里少不了它。制作于20世纪30年代。）

熨斗（朝鲜族平整衣物皱褶的工具。生铁铸造，利用火盆加热。形制有两种：一种为敞口，斜壁，大平底，有铁把，铁把上再安入木柄，口径19厘米，底径11.2厘米，总长44.3厘米，底部施有四环圈纹；另一种为船形，上有盖，盖上面固定手把，盖前部位钉鸡状固定扣。20世纪80年代后，被电熨斗取代。）

烙铁（头部呈三角形，与铁柄相连，铁柄末端再安木把手，朝鲜族俗称"允都"。头长10.5厘米，头部最宽4.5厘米，总长39厘米。裁缝衣物时，用于熨平料边和衣边。）

绕线板（缠绕细线的木制小板。其中一种为椭圆形，正反两面均刻有相同的图案，一端为几何形图案，另一端为雷纹和几何纹图案，呈紫黑色，长16.2厘米，宽6厘米，厚0.9厘米；另一种为长方形，整个板面刻有席纹和几何形组成的图案，两端各有一长方形小平面，分别刻有"一贵""多男""富""心康宁"等字样，长17.7厘米，宽5.5厘米，厚0.9厘米。）

针盒（存放缝制用针的小盒子。针盒由上下两部分组成，上部分作为盖，下部分用于装针，呈龟鳖状。一般用布料制成，也有银、白铜、黄铜材质的。上下左右都有一些打结、垂穗、刺绣等装饰，当佩饰使用。其规格，长11厘米，宽3.6厘米。制作于20世纪。）

剪子（裁剪布料的铰刀。用铁或铜制成。其规格宽10.7厘米，长17.7厘米。制作于20世纪。）

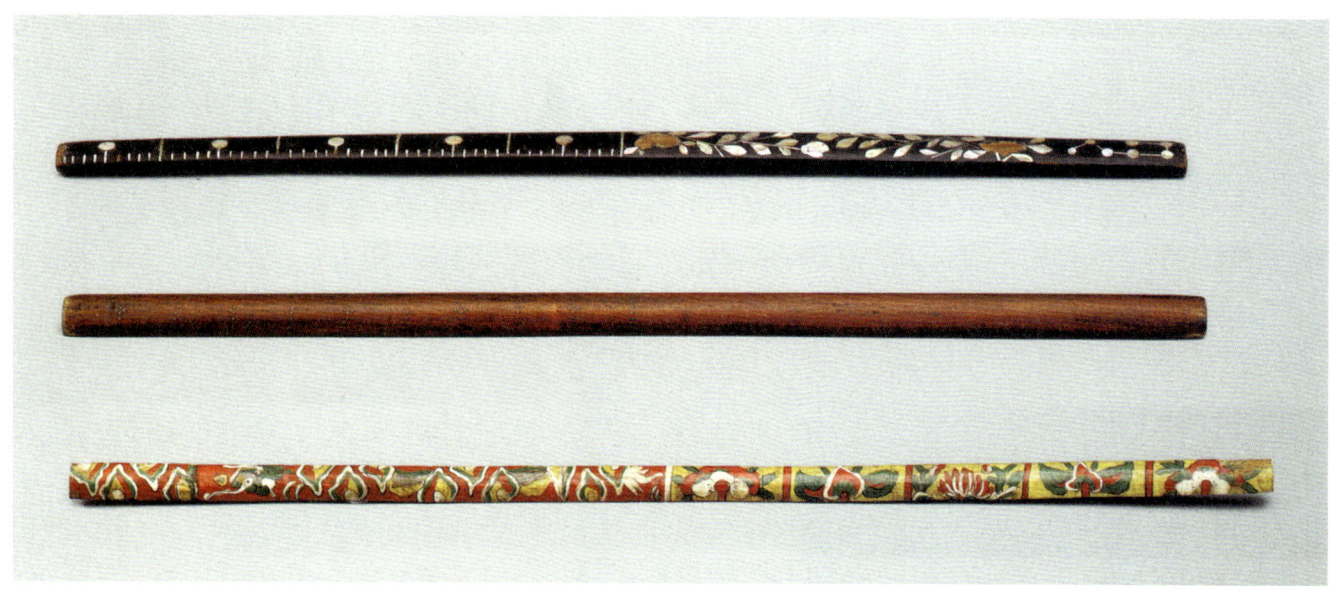

直尺（裁剪布料和测量款式尺寸的度量器。又称裁尺，属"闺房七友"之一。用木条制成，呈一字形，尺面标刻度量尺数，有的用螺钿或华角装饰，精致亮丽。规格：长51厘米，宽1.9厘米。制作于20世纪。）

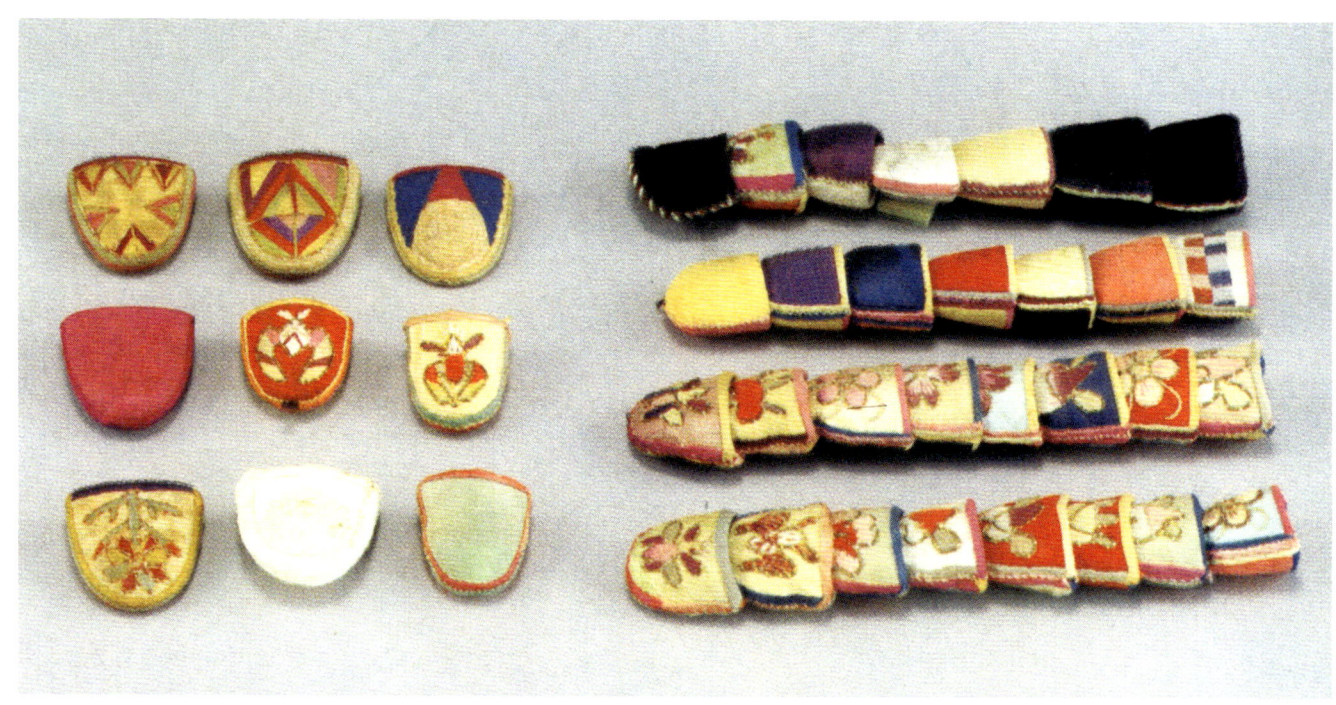

顶针（做针线活时防止手指被针刺伤，并助针穿透布料的物件，一般套在中指。环状，呈半月形，表面为绸缎，里面垫皮块或厚棉布块使其坚韧，不易穿透。顶针表面绣有梅花、牡丹、莲花、蝙蝠、蝴蝶、天桃、太极、十长生等吉祥纹，是很好的工艺品。）

洗涤（李光平摄影）

二、保存方法

朝鲜族非常重视服装的保存，在长时期的生活实践中摸索出一套科学实用的保存方法，并形成了固有的风俗习惯。

（一）整洁存放

1. 洗涤

洗净衣物上的污垢是保存的第一道工序。过去，洗衣是家庭妇女的主要家务，一般用井水、河水、雨水洗涤。河边、溪边是洗衣的场所。春夏秋季节里，白衣素服的妇女在江河畔捶打衣物的情景是朝鲜族村庄人与大自然相和谐的风景线，隐喻着朝鲜族妇女勤劳和贤惠的品德。

洗涤的工具比较简单，一般为木棒槌和石砧，以捶打的方式来清除污垢。朝鲜族烧火炕，烧的柴物一般是易取的庄稼秸秆，这些稻草、黄豆秆、荞麦秆等烧尽以后的灰用水调和后就是天然的洗涤剂，因为秸

平整衣物（李光平摄影）

秆灰含有碱的成分，容易清除棉布和麻布里的污垢。另外，朝鲜族妇女还利用淘米水、豆腐水等洗涤绸缎材质的衣物。

洗涤的工序分别为初洗、正洗、煮洗、晒干等过程。初洗是把衣物泡在温水里，简单搓洗；正洗是初洗后用洗涤剂清洗；煮洗是将正洗之后的棉布衣物稍微煮后，再用棒槌捶打清洗的工序；晒干是用自然光和温度晾晒衣物的过程。民间流传"晚间衣物晾在外面，丈夫心不定""穿未干透的衣物，就能听到别人的片言闲语"等俗语，所以，朝鲜族晒晾衣物只能在白天进行，如果当天没干透，就收拾到屋内，第二天再拿到外面继续晾晒，直到干透为止。

朝鲜族喜欢穿白色衣服，所以衣物漂白也是很重要的工序。漂白工序比较简单，但很费时间。主要是利用太阳光辐射来漂白，需要反复做同样的工序。漂白以后须上糨糊，糨糊一般用大米粉、面粉、淀粉做成，适用于粗麻、苎麻、棉等材质。上糊以后要晒干、捶打平整。上过糨糊的衣服不易脏，也易洗净。这样的习俗一直传承到20世纪70年代。棉布、麻布等材质被化学纤维布料取代以后，漂白、上糊的工艺和习惯逐渐弃之不用了。

熨衣物（曹保明摄影）

2. 平整

捣衣、熨平是朝鲜族妇女收纳衣物的必需工序，每个家庭都配备砧台、棒槌、卷衣棒和熨斗等平整工具，以备随时拿出来使用。捣衣用的工具为砧台和棒槌，衣服或衣料上糊以后，平铺在砧台上，用棒槌捶打。有时用一个棒槌，有时用两个棒槌，捶起来很有节奏感。有许多关于捣平捶衣的民间佳话和诗词，赞美了朝鲜族妇女贤惠和细致的品德。过去，村落里举行盛大的婚礼时，因为新娘方要准备很多礼装，所以需要很多人来帮忙，这时，村里的妇女们会争先恐后地来帮做针线活和捣衣等事情，这是朝鲜族世代相传的美风良俗。对已经洗净晾干的衣物，除了捶平以外，还要熨平。棉布和麻布用稍高的温度熨平，苎麻布和绸缎用文火熨平。为家人提供干净、平整、舒适的衣服，是朝鲜族妇女引以为荣的事，否则就丢脸面，会被人说闲话。

3. 存放

在朝鲜族的日常生活当中，衣物的保管也是很重要的家务之一。朝鲜族生活在四季分明的自然环境里，所以需要按季节保管好各类衣物。这也是朝鲜族妇女的传统美德。

叠衣物（曹保明摄影）

　　过季节的衣服洗净熨平以后，按类一层一层地存放在衣柜或衣笼里，采取一些防虫、防腐措施妥善保管。棉衣要上糊捶平后保存，苎麻衣当年不需上糊熨平，只是洗净晾干后保存，第二年使用之前再上糊熨平。丝绸衣服最怕虫子，因此存放时要及时把晒干的烟叶或其他的防虫树叶夹在衣服里。一到夏秋之季，每个家庭都要把柜里的衣物全部拿到阳光下晾晒，清除潮气和虫子。七月七夕左右的天气明媚灿烂，朝鲜族妇女们尤其要在七夕那天把潮湿衣物拿出来晾晒，晚间穿洁净的衣服，以轻快的心情祝愿牛郎织女相逢。存放衣物时，要按家庭成员的老幼和衣服质地分类，井然有序地排放。比如，衣柜最上面的抽屉里，保存父亲的衣物，再下层保存母亲的衣物，最下边保存小孩的衣物。这种秩序也体现了朝鲜族尊敬长辈的良俗。

（二）置放用具

1. 单层欌
2. 双层欌
3. 衣笼
4. 笠盒
5. 衣架

单层欌（朝鲜族藏衣家具。长方形，水曲柳木板制作，呈栗红色，长92厘米、宽44厘米、高89厘米，板厚2厘米。正面中上部有一扇门，用铜质的合页安门，有一把铜质鱼形锁头，门上有个把手，在衣欌面上钉有铜质祥瑞图案和吉祥文字。如松、鹤、竹、鹿、参花、太阳和"福""寿"二字。其中太阳用红铜制作，光灿夺目，其他均用黄铜制作。20世纪30年代制品。）

单层欌

双层樏（由上下两层组成的衣柜。呈栗色，长89.5厘米，宽42.5厘米。上层柜高88.5厘米，上端有4个规格相同的抽屉，每个抽屉面部钉有半球形白铜片，并有白铜抓环，下端有4个螺钿福寿图案。对开门，两个柜门均镶有半椭圆形镜片，镜片上部的模板有花枝形螺母装饰。下层柜高67厘米，分4格，每格面都施蝙蝠纹白铜片。对开门位于柜面中部，门面上有螺母梅花枝图案。底座高19厘米，其正面两端和腿正面角施有白铜饰片。）

衣笼（朝鲜族藏衣家具。柜面上钉有合页、抓环、角、榫绊钉等装饰片，装饰片上有"十长生""四君子"等具有民俗意义的图案。较高档者还有螺丝装饰。衣笼一般成双，存放时，一上一下，是姑娘出嫁的嫁妆，主要用于存放衣服及衣料。在衣笼上面则叠放被褥、枕头等。）

宕巾盒
篏头里盒

笠盒（收纳黑笠的盒子。一般呈圆筒形或八角形，有的像个小箱子固定在房间天棚角，安一扇侧门或面门，便于取出。有的像个有盖的盒子，挂在墙壁上部。）

衣柜摆设（李光平摄影）

衣架（朝鲜族家庭里普遍使用的垂挂衣物的横杆。一般设在没有放家具的墙面，高度约1.5米左右。通常挂着都鲁麻基、则羔里、契马等平时经常穿的衣服。为了防止灰尘，从横杆部垂下衣架帘，帘上绣有吉祥的花纹和文字，具有装饰墙面的效果。在农村举行婚礼接大桌时，在没有屏风的情况下，就垂挂衣架帘，增添婚礼气氛。）（李光平摄影）

第八章

装束与佩饰

朝鲜族人民在长期的生活中,形成了具有民族特性、反映民族情感的着装习俗。朝鲜族服装需有佩饰才完美,服装与物件佩饰相呼应,形成整体美感。朝鲜族服装佩饰历史悠久,佩戴方式独特。其中,女性佩饰在种类和款式上比男性的丰富。按照装饰的部位可分为头饰、腰饰、手饰等,其中头饰和腰饰最为丰富多彩。

一、装束礼俗

朝鲜族创造了具有鲜明的民族风格的服饰文化，形成了优良的穿戴礼俗，以"礼仪民族"著称。朝鲜族穿戴习俗中强调的是多样性和美观性，以服装为中心，在头、腰、手等身体部位进行装饰，体现装束风格。

朝鲜族的服装有明显的男女之分，而且有严格的年龄之别，要根据年龄选择合适的款式和色彩。通常，小孩和年轻女子穿色彩浓厚而华丽的衣服，老年人着色彩淡雅的玉色、灰色衣服。但是在夏季，不管男女老幼多穿白色或浅色的素净衣服。

从古到今，朝鲜族都是一个尚洁的民族。旧时代，平民百姓生活贫穷，一般穿不上高级面料衣裳，但是经常洗净、修补衣裳，始终保持端庄的形象。朝鲜族很讲究内衣的穿着，比如，女子一般必穿花瓣状衬裙，使外穿的裙摆更为展廓，外穿薄而透明的裙子，这样能透视衬裙的美丽形状。另外，朝鲜族妇女的上衣在领边、袖口、腋下等部位镶比衣服颜色深的布条，这叫"回装"，显示出华丽的艺术效果。

朝鲜族在着装方面，讲究俭朴、洁净，不追求奢侈、豪华，以端正、朴实为日常的着装礼仪。平时，经常整理衣服，有皱褶及时熨平，以保持整洁。按季节、场所穿相应颜色和材质、款式的服装，明确区分节日服装、外出服装、劳作服装、屋内服装。上衣的衣领、衣襟、衣带保持洁白，穿衣时衣领的白领边的下端整齐地叠在一起，衣襟的下端对齐，以蝴蝶状系好飘带。如果衣领、衣襟错开，飘带凌乱，则视为失礼。在过去，男子长大成人后头发要扎髻，外出时必须正戴冠巾，不能倾斜或反转；待客或外出时必须穿干净的布袜子，以暴露赤脚为耻。男子穿好裤子后，要把裤腿用布带扎起来，女子切忌裙腰和内衣露在外边，否则被视为失礼。穿着端正意味着对他人的尊重，这既可以提高自己的品格，也会给别人留下好印象。

在着装的外观上，根据体质外表和生活情趣以及季节和场所等环境要求，选择相应的装扮样式。比如，过去在装束风格上有着身份等级和贫富的差异。平民阶层的日常服饰装扮，不追求奢侈和华丽，一般选用实用性的针线盒、银妆刀、荷包、银簪、发带等饰品，自然、朴素。婚礼服饰的装扮非常讲究，新娘穿圆衫婚礼服时，头装通常选用簇头里、龙簪；穿阔衣婚礼服时，头装一般选用花冠、龙簪。这样，既和谐亮丽，又显身份高贵。

二、头装佩饰

朝鲜族服装佩饰最值得一提的是头装佩饰。在生活中，头发的修饰和戴用品，对头发的保护有一定的实用功能，并且为身体的装束增添了和谐的美感。所以，在身份等级制度森严的封建社会，人们格外重视发式和饰品，特别是妇女的发式和装饰品，更具有一定的身份意义。

男孩传统发式
女孩传统发式
女孩传统发式（正面）
女孩传统发式（背面）

第八章　装束与佩饰

（一）发式

过去，朝鲜民族男子的发式主要是椎髻。人一到成人年龄，必行冠礼，把原先扎辫的头发解开，在头顶扎柱状髻，罩以网巾，并插短簪。这意味着孩子已成年，可以成家立业。19世纪末，朝鲜李朝时期颁布"断发令"，扎椎髻的习俗逐渐消失，只在年老的人群中偶尔能见到，到了20世纪中叶扎椎髻习俗销声匿迹。

对朝鲜族妇女来说，发式是显示其形象的重要手段和途径。发饰与服饰相辅相成，体现整体美。因此，从古到今，朝鲜民族女子格外讲究头发修饰。

朝鲜李朝时期，发式文化发展到了顶峰，既讲究身份，又体现风度和美观，发式种类也繁多，修整过程很复杂。大体上，朝鲜族发式有盘上发式和垂下发式两类。

盘上发式主要有发纂、抓髻、盘髻、大冠髻等，垂下发式主要是扎辫子。女子在结婚之前都留辫子，但与男子的辫子有所不同。男子只在脑后扎一条单辫，女子除了在脑后扎一条单辫而外，在头部两侧的耳梢部位还要各扎两条小细辫子（称作耳际辫子），绕到脑后同大辫子扎在一起。举行婚礼时把四条耳际辫子解开，只扎一条单辫盘在脑后，插上簪子；或者不扎辫子，只把头发向后拢，拧起来盘成髻插上簪子。少妇们还喜欢在发髻上也扎上红绸发带，这种发带较窄，两端为齐头，称作齐头发带。有的农村妇女结婚时不盘髻而结髽髻，即把头发拢向后面编成两根辫子，在头顶上分别从左右两侧绕到额上挽在一起。年轻妇女一般都把一条辫梢掖入另一辫子里，在辫梢上系以红绸发带垂于左耳处。过去，朝鲜民族有收藏发辫的习俗，这种发辫用于头上盘假发。假发辫在朝鲜李朝时期为王公大臣和士大夫家庭的妇女使用，盘起来很有派头和身份。到了19世纪中叶，此发式不再适合人们的审美观，被颁令禁止，逐渐消失。中国朝鲜族中，也曾有过盘假发的习俗。直到20世纪中叶，有些地方举行婚礼时，还有新娘盘假发接礼桌的习俗。

传统盘髻
传统发纂
假发

传统发饰
新年发饰
（李光平供图）

现代女子发式（李光平摄影）

现代青年女性发式
现代姑娘头式
（李光平摄影）

传统男发式（李光平摄影）

（二）头饰

朝鲜族的头饰主要有簪、钗、带等。

1. 短簪
2. 银簪
3. 龙簪
4. 玉簪
5. 剔垢签
6. 颤簪
7. 后发钗
8. 发带
9. 玳瑁笠缨
10. 玉贯子

各种材质的短簪［短发簪是朝鲜民族成年男子为了防止发髻散开而插在发髻上的一种装饰品。用金、银、铜、玛瑙、翡翠、珊瑚、玉、木等制作，以铜质较多见。长约4厘米，一端较粗且顶端为球状，一端尖细。整个簪体呈桩形，也有稍弯曲的。朝鲜李朝高宗三十二年（1895年），执政的开化党颁发"断发令"，强令国民剪掉椎髻剃成光头。此后短簪很快在朝鲜消失，但居住在中国东北的朝鲜族居民仍在使用，直到20世纪30年代还有老年男子使用短簪。］

银簪（朝鲜族妇女日常梳髻用的簪子。簪头呈晕首方柱体，各面分别刻"康""宁""寿""福"四字，字的下边刻有回纹，顶部两侧刻有圆心圆瓣花朵各一。断面呈菱形，簪身圆柱状，长12.5厘米，径0.9厘米。制作于20世纪初。）

发带（发带是用来系住发辫的布条，分为少女用发带和夫人用发带。少女用发带质地为绸或薄纱，颜色多为红色，较宽，绣有寓意吉祥的文字和图案。夫人用发带多用紫绸布做成，稍窄。朝鲜族妇女发髻一般多采用辫发盘髻的方式，即先把头发在脑后梳成一条辫子，再把这条辫子盘成发髻，发带系在拴好的辫子下端。）

龙簪（朝鲜族妇女在节日庆典和婚礼时使用的长簪。铜质，簪头雕有龙头，刻工精细，外表鎏金。全长32厘米，簪头长3厘米。制作于19世纪末。）

剔垢签（朝鲜族梳妆用具。用动物角、骨或金属制作。一端圆且薄，用于清理梳齿；另一端尖细，用于分发缝。）

颤簪（朝鲜族妇女的头簪。过去，主要为上层妇女们使用。在原有的头发上面连接大冠髻，颤簪插在冠髻的中间和两侧。颤簪的形制有圆形、角形、蝴蝶形，簪头面上有珍珠、玉、金等装饰。女子戴此簪走路时，簪头的珍珠饰品上下左右有节奏地抖动，引人注目。）

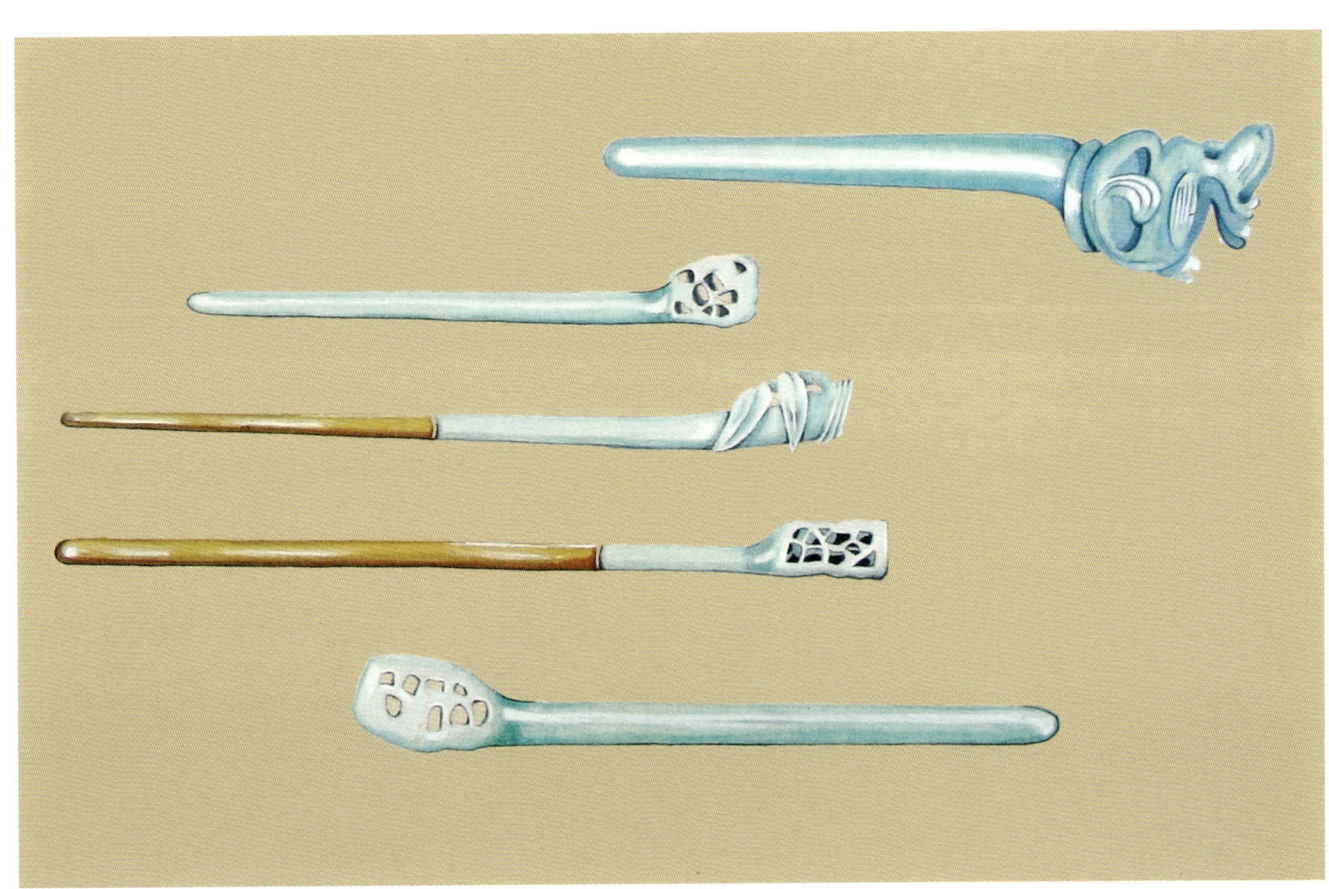

玉簪（朝鲜族妇女盘髻之后插在盘髻上的头簪。乳白色玉质，由簪头和簪身组成，扁窄，近椭圆形体，镂空，雕有梅花和喜鹊。簪身呈圆柱状，末端为圆锥状短尖，雕工精巧，具有较高的艺术价值。全长13.5厘米，簪身直径0.9厘米。制作于20世纪。）

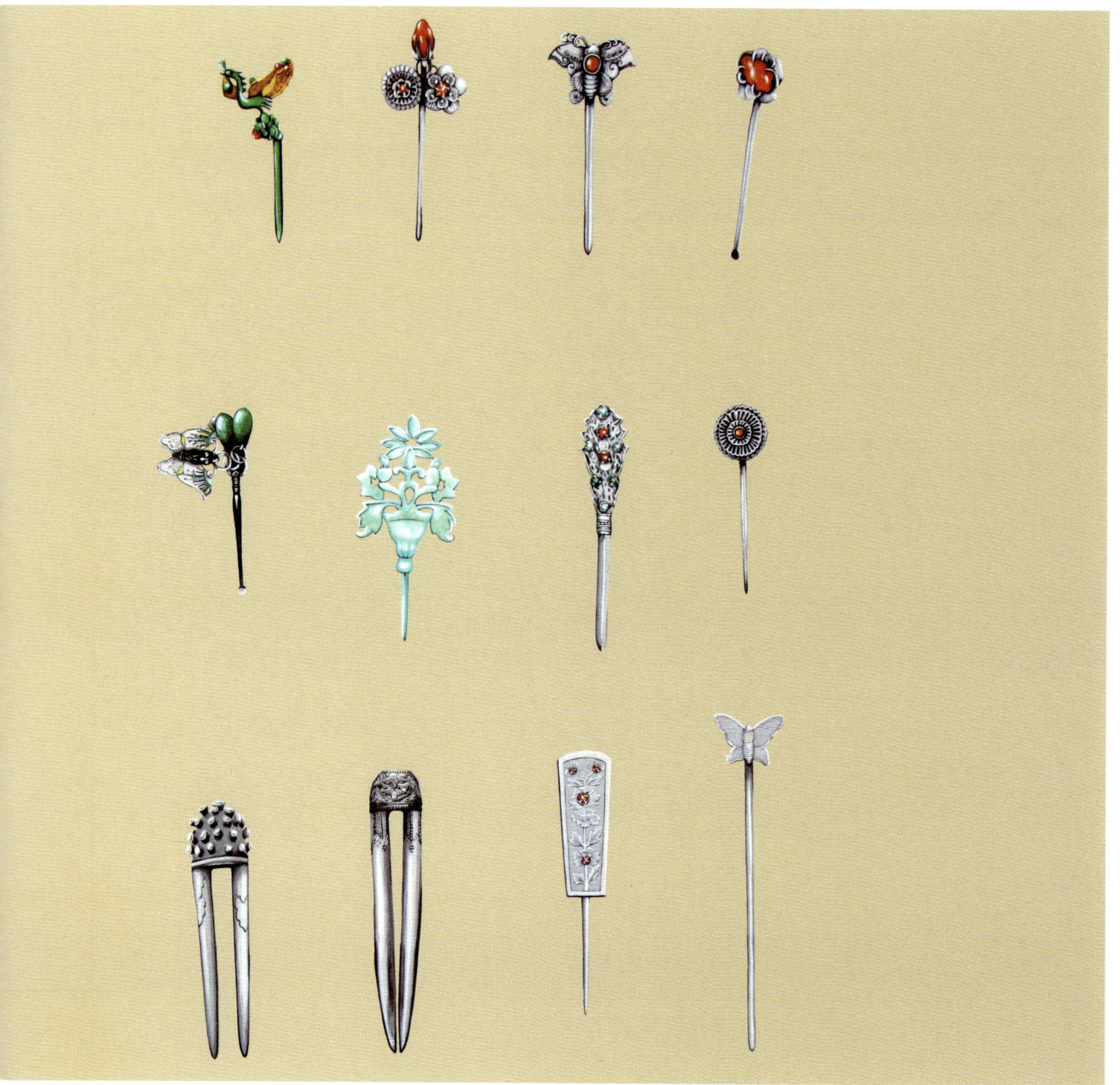

后发钗（朝鲜民族妇女常用的装饰头后发的饰品。它的功能不在于固定头发，而在于体现头饰效果，朝鲜李朝时期比较流行。一般用银或铜制成，钗头饰以翡翠、珊瑚、珍珠，雕出凤凰、莲花、天桃、花蝶等动植物造型，精细亮丽。）

笠缨(朝鲜族传统冠帽——黑笠的装饰系绳。用马尾编绳串玳瑁管和珍珠制成。玳瑁,色黄黑相间,笠缨坠于笠顶下部两侧笠檐内,每侧笠缨各串有四块玳瑁和四颗珍珠,玳瑁和珍珠各个相间。过去,在身份等级严格、尊卑有别的儒教观念支配下,儒生和士大夫出门,十分讲究衣冠,戴坠有玳瑁笠缨的黑笠,穿既宽又长的道袍,以显示自己的庄重斯文和秀逸风姿。笠缨除了起防止笠滑落的作用之外,更重要的是装饰作用。)

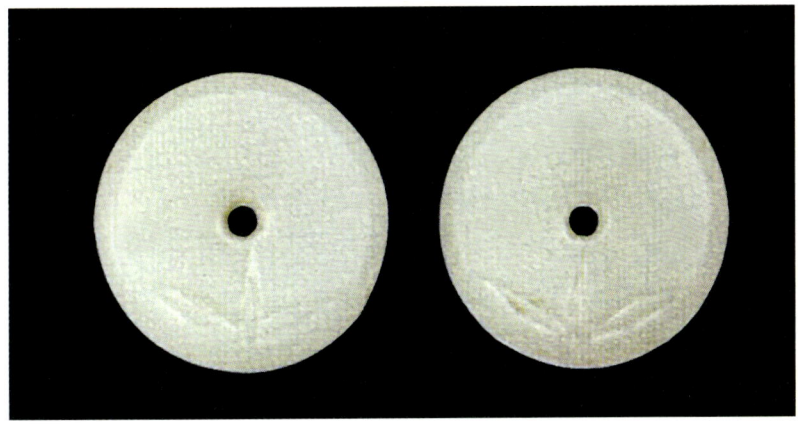

玉贯子(固定冠巾——网巾的饰品。贯子是钉在网巾左右两侧上的扁圆形物件,用玉制作,直径1厘米,厚0.3厘米,中间有孔,用于扎系网巾。有的玉贯子,表面刻有松鹤等祥瑞图,因此,它不但有实用价值,而且还有一定的艺术价值。)

姑娘头饰（李光平摄影）

刀舞头饰（李光平摄影）

头装佩饰（李光平摄影）

三、穿着佩饰

朝鲜族的穿着佩饰有腰部佩饰和衣服饰品有两大类，包括腰带、荷包、妆刀、纽扣等。

（一）腰部佩饰
1. 妆刀
2. 荷包
3. 三作佩物
4. 匙箸袋
5. 银环

（二）衣服饰品——装饰扣

在朝鲜民族传统服饰中，一般使用腰带和飘带，很少用纽扣。在长期生活中，人们认识到了纽扣的便利用途，随之利用率逐渐上升。到了朝鲜李朝时期，纽扣的使用更加普遍。纽扣的材质一般为金、银、琥珀、蜜花、翡翠、珊瑚等，形状也各异，有蝴蝶、蝉、药果、花朵等，体现出朝鲜族妇女的趣味和爱好。纽扣一般用在衬衫、麻古子、毛皮褙子和上衣上，有时在阔衣和圆衫上也钉一些装饰扣。

银妆刀（朝鲜族佩刀，由刀把、刀刃、刀鞘构成，男女皆用。刀刃铁质，直背弧刃；刀把一般呈圆柱状或扁八角形柱状，前细后粗，银质；刀鞘状似刀把，银质。有的妆刀，刀把与刀刃均为同一色调，扁平的一面刻有"长生不老"，另一面刻有松鹤图。有的妆刀，刀鞘银质，形状似刀把，一面刻有长生图，如玄武、鹿、莲花、菊花等纹样，另一面刻有唐草纹，唐草纹下方刻有"福""寿"二字。刀鞘一侧另有一銎，备插银钗子或筷子，近上端一面附有银环，系绳用。此刀兼有装饰和实用两种功能。）

荷包（朝鲜族女子佩饰。用于装香粉、针线或零星物件，绸缎制作。上部平面呈方形，囊口幅分三折，两侧缝向中间折叠成囊颈，囊颈两孔系绳，绳从后侧穿到前面打结以装饰囊面。一般以大红绸缎制作而成，囊颈以深蓝色线绣"寿"字，囊体部以绿色、白玉色、粉红色丝线绣牡丹花，囊绳蓝色，打-装饰结。）

三作佩物［朝鲜族女子佩饰，即有三个主体和三个穗子的装饰物。一般佩戴在则羔里飘带或裙腰上。用蜜花、孔雀石、珊瑚雕刻的以天桃为主体的三作（三作各代表着天、地、人，意味着天时地利人和）佩物，上部有坐垫样的小结，镀金的桃叶围绕桃子；下部有红、黄、蓝三种颜色的穗子。天桃象征长寿，是由汉武帝时东方朔摘吃三千年一结果的天桃活了三千甲子的传说而来。此物在外形上是一种豪华的装饰品，在内涵上表示富贵多男、长生不老、百事如意等民俗寓意。］

匙箸袋［朝鲜族传统的携带饰品。形似长方形口袋，长31厘米，宽9厘米，用红色或蓝色绸缎制作，正面绣"十长生图"，背面绣有"寿如彭祖"（据传说彭祖是生活在夏商时期活了七百年的寿星）、"福比石崇"（石崇为西晋时期巨富）八个字。顶部有带绳和穗。隐喻着健康和幸福。］

银妆刀
荷包

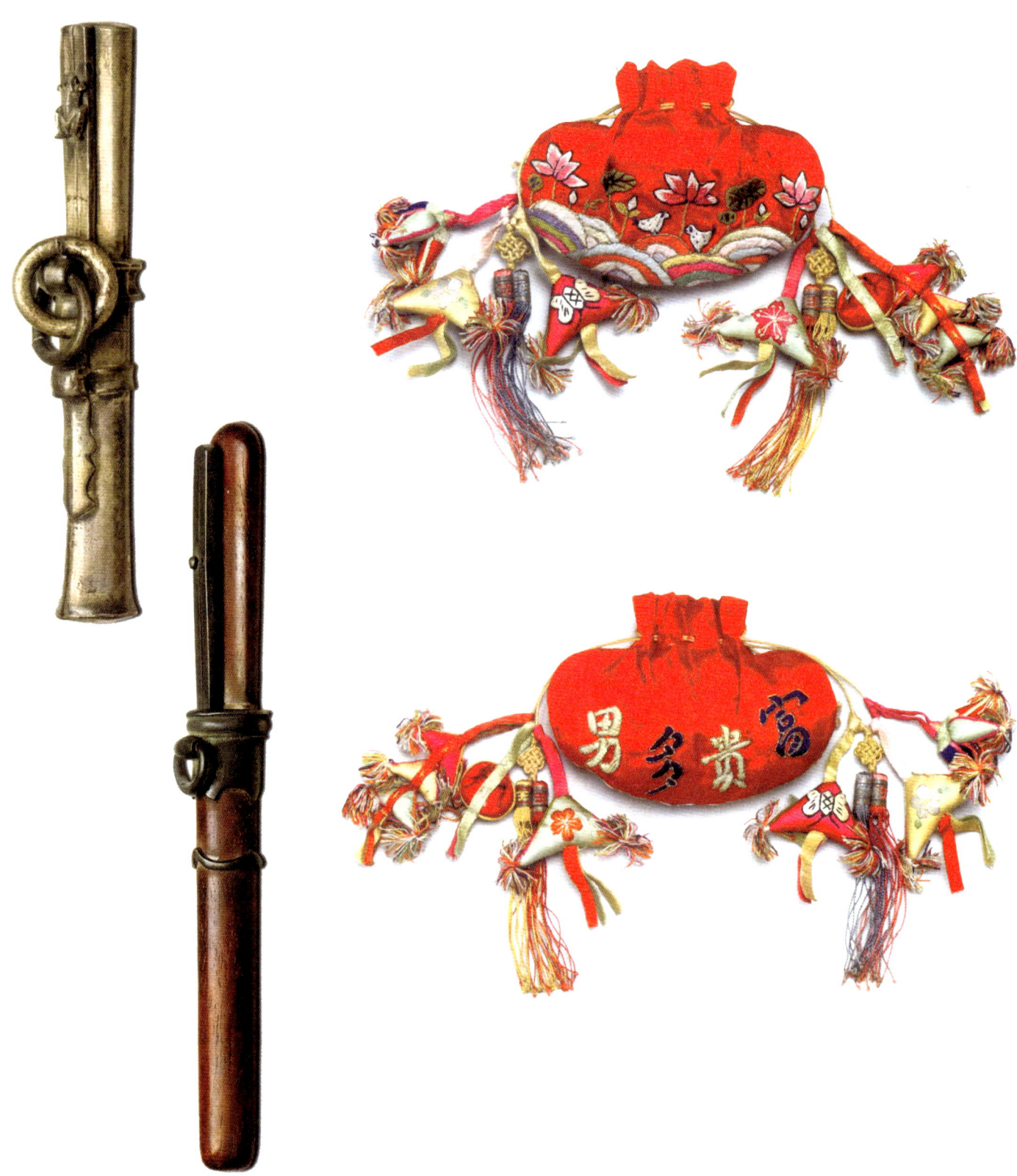

蝴蝶扣

银环（朝鲜民族女子佩饰，纯银制作。形状与指环相似，环形，里平外弧，成双，较粗大。外面刻有一只蝙蝠和"寿""福""多""男""子"五字。一般和荷包、银妆刀一起佩挂在腰部，有时戴在上衣飘带系结处。朝鲜李朝时期在民间妇女中流行。银环也是新娘的结婚纪念品，一般为一对，串在裙子带或飘带上随身携带。）

纽扣
琥珀扣

佩银妆刀的现代女性（李光平摄影）

第九章

服饰故事与歌谣

朝鲜族服饰文化底蕴很深,民间流传着丰富而真实的与服饰和穿戴习俗有关的故事、歌谣,传递着朝鲜族人民勤劳、朴素、善良的传统美德。

一、服饰故事

（一）布袜菜

搜集地点：安图县
讲　　述：崔国铉
整　　理：李龙得
翻　　译：陈雪鸿

每年春天，长白山到处都是蕨菜、布袜菜等野菜，一片葱绿，茁壮茂盛。

关于布袜菜的由来，流传着这样一个故事。

很久以前，长白山群山中有一个村子。村子里住着一个容貌出众、心灵手巧的姑娘，名叫琅子。她年幼便失去父母，孤零零地独自居住。

琅子19岁那年的春天，村子里来了一个年过五旬的老和尚。这个老和尚是个好色之徒。一天，他在村里东游西逛，走到琅子家门前。一见琅子娇艳的容貌，顿时目瞪口呆，骨软筋酥，迈不开腿了。

"哎呀，世上竟有如此姣好的女子！我要是不能把这样的女子弄到手，还算什么大丈夫！"

和尚根本不顾自己的身份，坐思卧想如何把琅子骗到手里。终于，在一个月光皎皎的夜里，老和尚神不知鬼不觉地溜进琅子的家中。他厚颜无耻地对琅子说：

"琅子，我也知道深夜找上门来不甚有礼，但我还是来了。"

琅子举止端庄地说：

"高贵无比的大师父，您怎么跑到我这个孤独卑贱的姑娘家来了呢？"

"琅子，我早就想与你结成良缘。千万别再让我痛苦忧愁啦！"

听了老和尚一派胡言，琅子大吃一惊。她哪里会想到这个老和尚竟会如此荒唐。

"您对我这个卑贱的女子如此看重，真叫我感激不尽。不过，我年龄尚小，师父又是高贵的救世主，您欲和我结缘的话，实在是太不恰当了。"

"琅子，眼下正是无人知晓的深夜，还是别拒绝我这番炽热的请求吧。"

说着，老和尚按捺不住动手动脚起来。琅子家恰似万里沧海中的一星孤岛，琅子躲无处躲，喊又无人能听见。难道说眼睁睁地任其凌辱吗？

"来呀，快来呀！"

老和尚越逼越近，这时，琅子的头脑里突然闪过一个念头。

"师父，您非要与我这个卑贱无知的女子结缘真情，使我十分惶恐。假如能满足我一个心愿，那我就真心答应您的要求。"

"你有什么愿望？"

"请您替我盖一座小巧雅致的寺院……"

布袜子
布袜子

"哦，盖寺院干什么？"

"那我不就成为一个终身陪伴师父、共享欢乐的尼姑了嘛？"

老和尚露出了色眯眯的淫笑。

"呵呵呵，这想法不错！就这么办。你是说在我这个大师父手下当个尼姑，一辈子侍奉我喽？呵呵呵……我就给你盖个寺院。"

第二天，老和尚开始盖寺院。他动员了许多壮丁，奠基砌石、垒砖上瓦……开工不到一个月，寺院盖好了。那天夜里，老和尚发了疯似的跑到琅子家里。

"好了，琅子，寺院盖好了。快去看看吧！"

说着，老和尚迫不及待地抓住琅子的双手。刚欲出门，只听得"轰隆隆"一声响，那座寺院顿时倒塌了。

"啊,这是怎么回事？！"

老和尚只觉得眼前一阵发黑。琅子冷笑着说：

"哼，在盖侍奉佛祖的寺院时，本该一心想着佛祖，而您却时刻不忘女色，地基如何能打牢，房柱如

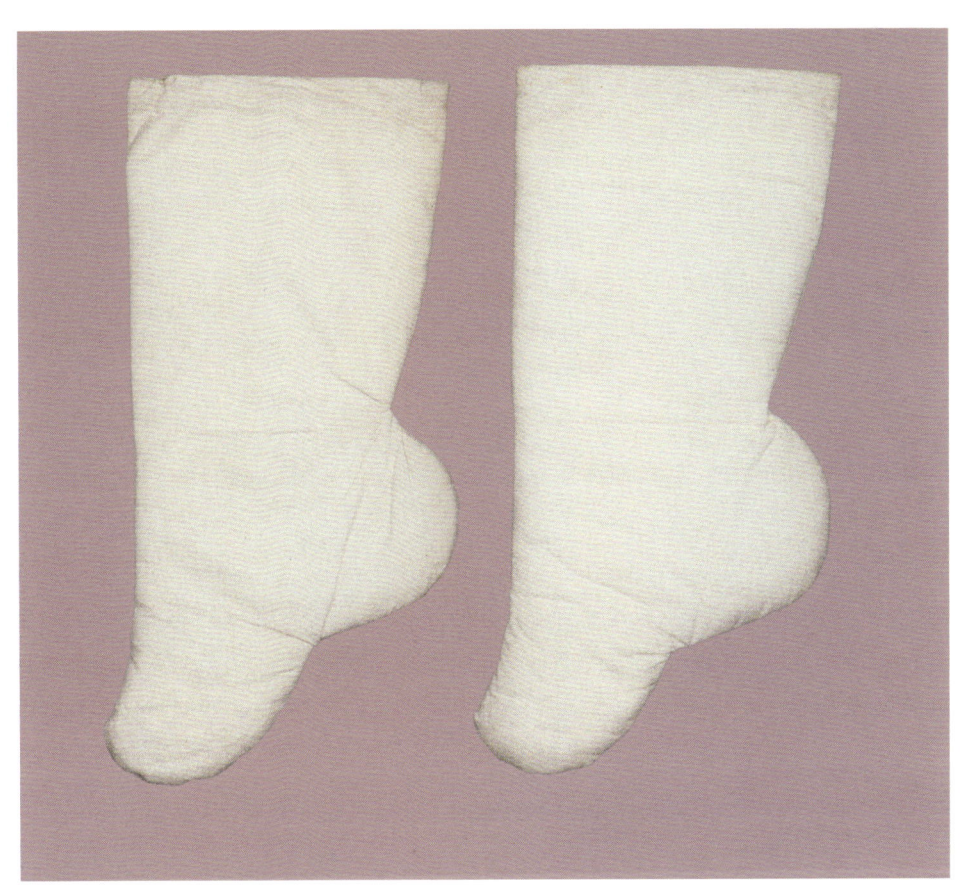

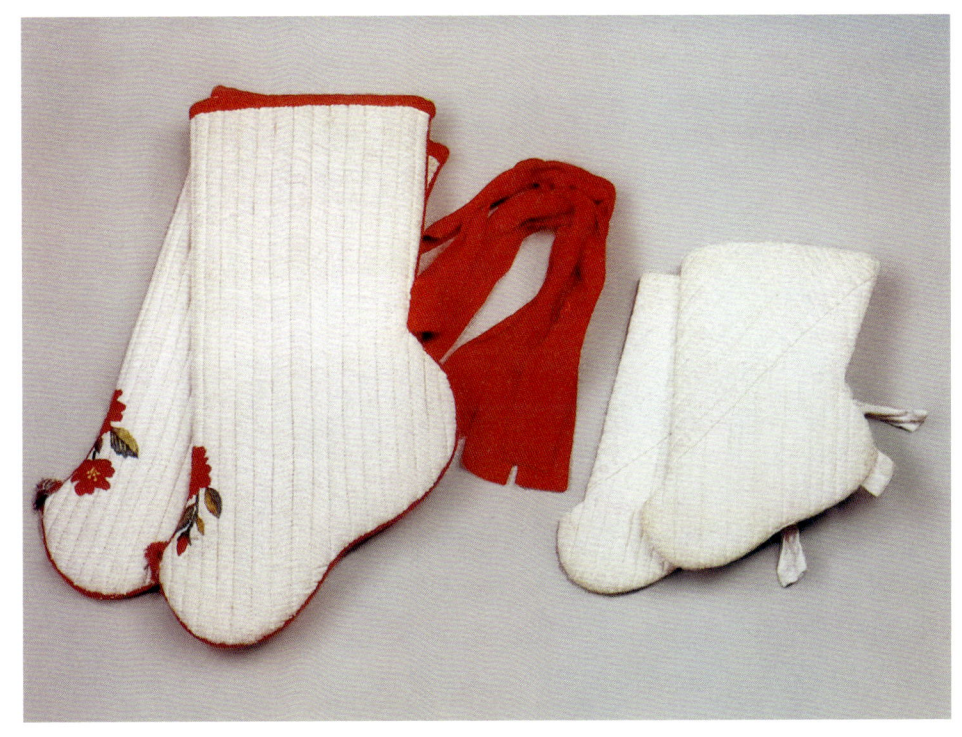

何能竖正？"

"啊？这可怎么是好呢？"

"我说大师父，您要是真心想得到我，就把寺院重盖吧。不过，我恳求您在盖寺院期间，一定要丢开杂念和欲望，一心以佛祖为重。"

充满色欲的老和尚，只得重盖寺院。一个月以后，寺院又竣工了。那天晚上，老和尚又欲火烧身地跑到琅子家里。谁知他刚扑向琅子欲行非礼时，那座寺院又轰隆一声倒塌了。

"啊呀，这老佛爷也太不够意思了！"

"师父，一切都是天意，谁敢违抗呀？"

按道理说，这时老和尚应该清醒，痛改前非。但是，色胆包天的他不但不悔过自新，反而兽性大发，不顾一切地朝琅子扑了过去。早有准备的琅子一闪身跑出门外。老和尚忙伸手去抓，仅抓住琅子的两只脚。琅子一挣身，两只布袜子落在老和尚手里……

老和尚扔掉布袜又去抓琅子的脚。如前一样，落在他手里的仍是两只布袜子。老和尚恼羞成怒，连抓数十次，可数十次抓在手里的依然是两只布袜子。老和尚还是穷追不舍，琅子也已经筋疲力尽，再也跑不动了。布袜子被抓掉，又穿上另一双，她如此数十次，最后一双布袜也没有了，只能光着两只脚，到底被老和尚抓住了。

"哈哈，看你能逃出我的手心！"

说时迟那时快，琅子猛然抱住老和尚，从千丈悬崖滚下去。

就在跌落悬崖的一刹那间，贪色的老和尚如梦初醒。然而，为时已晚。妄图凌辱纯洁少女的好色之徒最终逃脱不了天意的严惩。

长白山的山山岭岭埋下了琅子洁白的布袜，后来埋有布袜的地方长出了青青的野菜，人们便把这种野菜叫作"布袜菜"。

（二）新郎的衣服

搜集地点：珲春县
讲　　述：裴仙女
整　　理：吉　云
翻　　译：何鸣雁

朝鲜族姑娘出嫁的时候，要带亲手缝制的嫁妆，有绣着松竹明月的遮衣单，有缝着"福""寿"的圆顶枕头，还有给公婆和小叔、小姑送的礼物。但其中最主要的是给新郎的一身颜色鲜艳、缝工精巧的衣服。

新娘为什么要给新郎带去一身最好的衣服呢？这里边有一段感人的故事。

在那"暗行御使出巡，山川草木发抖"的古时候，朴御使怀里藏着国王的手谕"玉牒马牌"，身披破长袍，头戴旧斗笠，腰系乱麻绳，走访八面，巡视四方。每到一地，他都行使皇权，杀人者砍首，贪污者严惩，

礼服（男）

忠君报国者有奖，孝顺父母者表彰。

一天，御使路过一个村庄，忽然听见一处篱笆里传出一个老者和青年的窃窃私语。御使悄悄走上前去，把耳朵贴在篱笆上，听里边的说话。原来是父子在谈话。父亲说："孩子，这世道太不公平了，那个两班死了，是他自己命短，怎么能硬赖是人家新郎杀害的呢？"儿子长叹一声说："父亲，你我管不了这事。"

朴御使一听，觉得蹊跷，便绕过篱笆，来到门前，拍门叫道："我是一个过路的客人，请主人赏一碗凉水喝。"

青年人开门请御使进屋，给他端来了一碗凉水。御使一口把水喝光，装起一袋烟抽着问："我在半路上听说这地方发生了一起杀人案，不知内情是怎么回事？"儿子一听就火了，挥着胳膊赶御使出去，骂道："你这个老家伙，为什么偷听我们父子的谈话？"父亲生气地拦住儿子说："人家问问有何妨？你不能这样无礼。"接着，便把实情告诉了御使。

原来村里有一户小康人家，生活还算富裕，女儿品貌超群，父母把她许配给远方的青年。就在成亲的这一天，被邑里的一个两班知道了。这天他大摇大摆地来到了姑娘家，正巧碰上新郎的父亲陪着儿子来接亲，两班进门就要喝喜酒，态度十分蛮横。姑娘的父母忍气吞声给他摆上了酒菜。两班一边喝着酒，一边满嘴胡言乱语，一直喝到酩酊大醉。他站起身，揪住新郎的父亲便拳打脚踢。新郎早已忍无可忍，一见他殴打自己父亲，冲上去拽住他，使劲推了一下。醉醺醺的两班踉跄几步，摔倒在地，不知为什么忽然浑身抽搐，伸伸脖儿就一命呜呼了。

就这样，新郎惹下了滔天大祸，两班的三亲六故闻讯一窝蜂赶了来，打了姑娘的父母和新郎父子，又告到邑里，抓走了新郎，上了重枷，投入死牢，说他犯了十恶不赦的杀人罪。

父亲讲完，长叹一声说："新郎眼看要被砍头了。若是御使暗行到这儿就好了，新郎就可以得救了。可是，谁知道御使在什么地方呢？"

朴御使告别了父子，找了一处店家住下，准备第二天到邑里去搭救新郎。一觉天亮，朴御使急忙起身上路。没走多远，忽然从后边赶上来一个青年人，身穿鲜艳的新郎礼服，满头大汗，急如星火般地从他身旁跑过去。朴御使心中纳闷，一把抓住青年问："这位新郎，你有什么急事，跑得如此慌张？"新郎气呼呼地回答："今天午时三刻，要在法场斩首一个受冤的好人，我现在必须去搭救他。"朴御使更不明白了，死拽住新郎不放说："你必须把事情对我说清楚！"新郎被缠不过，只好把事情的原委向他说了一遍。

他原来就是打死两班被关进死牢的新郎。昨天深夜，忽然有一个买通狱卒蒙着面纱的人来到死牢，脱下自己的新郎服，令他换上逃出狱牢。慌急之间，他也没看清来人的面目，只顾换了衣服逃命。逃到这里，仔细想来他恍然大悟，那个人分明是给自己作了替身，这如何使得？不能冤枉好人！他又十万火急地往法场跑，生怕去晚了那个救他的人被斩了首级。

朴御使听罢，深为感动。用自己的性命去救一个受冤枉的善良人，这本身就是一种美德；得救的人宁愿受冤枉，也不能让他人为自己舍命，这又是一种美德。他二话不说，拉起新郎就跑，双双赶往法场。

待他们二人进了邑门，眼看快到午时三刻了。新郎忍不住大喊："行令手们，等一等，真正杀人凶手是我！"已经举起明光闪亮的大刀的行令手不由得停住了手。

这边，朴御使暗暗唤出随从，拿出"玉牒马牌"，令他们快去法场，扣住行令手，然后来到邑官府前，高声宣布暗行御使驾到。邑官们吓得面如土色，魂不附体，跪在地上不敢抬头。朴御使喝令他们站立两旁说："快把法场上的两个新郎请来！"

法场上两个幸免一死的新郎，在暗行御使随从的簇拥下战战兢兢来到了邑官的府邸。走到大厅上一看，真新郎发现自己认识这位坐在高堂上的暗行御使，真是又惊又喜。

暗行御使问："邑官，你身为一邑之父，判了杀人犯死罪，你认一认，他们二人哪个是真正的杀人凶手？"

邑官跪倒在地，磕着头说："不瞒御使大人，我如实招供就是。我受了两班家的贿赂，没有升堂审问，就判了新郎的死罪，所以现在认不出哪个是真凶手。"

御使接着命令："把死了的两班的尸体抬进来！"差役立即把两班的尸体抬进来，放在大堂下。御使又问舍命救人的青年："你为什么要舍命去替换一个杀人的死囚？你们有什么关系？"青年回答："回禀御使大人，我本是良家女子，救的是我未婚的丈夫。"御使又问："救丈夫为何要女扮男装？"女子垂泪说："我的未婚夫被官府抓走后，听说投入了死牢，三天后要砍头示众，父母拿出了家中全部金银，让我赶到邑里，搭救丈夫。我围着死牢转了一天一夜，不得见郎君一面。走投无路，左思右想，罢了，见面莫如替他去死！他读书识字，出了狱还能为民做事。这样，我就换上了亲手给丈夫缝制的衣衫，闯进了死牢。"御使听罢，对两班的尸体大声说："人家新郎并未打你一拳，你却躺倒在地，以死吓人。来呀，给我重打一百大板！"

差役立即挥鞭猛打一百下。御使又说:"好了,现在他受刑不过,倒是真的被打死了。抬出去,扔到乱坟岗,暴尸荒野!"随即宣布罢免邑官,张贴安民告示,令新郎新娘重新举行婚礼。

姑娘的美德受到了百姓的赞扬,后来越来越多的朝鲜族姑娘效仿她,结婚时都给新郎做一身最好的衣服,表示忠贞。逐渐地,这种习惯成了一种风俗,流传下来。

(三) 纺车和棉布

搜集地点:龙井市八道
讲　　述:黄龟渊
整　　理:金在权
翻　　译:朴赞球

在朝鲜庆尚道拜阳村,有一座叫"三忧堂"的私塾。所说的"三忧"就是为国忧愁、为求学而忧愁、为做大有作为的人而忧愁。办"三忧堂"的,是有抱负、有爱国爱民之心的文益渐先生。

文益渐出生于寒微人家,从小勤奋好学,是个远近闻名的聪明孩子。20岁时,遇到了饱学之士李毅老师。好像雨后的春笋一节节地拔高一样,文益渐的学识也一天天地长进。23岁那年,他进京赶考,中了头名状元,数以千计的儒生落在他的后头。但是,在那"上品无宦门,下品无势族"的社会里,像文益渐这样的有志之士是不可能有立足之地的。直到30岁,他才走上了仕宦之路。

这一年,文益渐遵从恭愍王的旨意,自告奋勇到中国元朝大都学习深造。元朝的皇帝和大臣们早闻文益渐先生超群才智,敬佩之至,让文先生担任礼部侍郎。

文先生心里明白,元朝对他如此器重,就是让自己做元朝的耳目。于是好言良语谢绝了。元朝的官吏恼羞成怒,将文先生软禁起来,执意要让文益渐答应为元朝效力。

文益渐先生义正词严地对来人说:"你去回禀朝廷,古人有言'一臣不事二主'。"

元朝皇帝很生气,喝令:"立即凌迟,碎尸万段!"

这时,有一位侍郎出班奏道:"启禀皇上,处死一个小小的使臣并非难事,这样做,恐怕要惹怒其国的百姓,挑起事端,倒不如把这小人发配到南国边关。"

这样,文益渐被贬谪到荒无人烟、猛兽出没的南国边塞,一个叫交趾的地方。他在这里,搭起窝棚,用读书消愁解闷,送走了一天又一天。在那漫长的日日夜夜里,成群的蟒蛇,像乌云一样的蚊群,叫不出名的飞禽走兽,时时刻刻都在威胁着他。但更为难受的还是气候的不适。

有一天,突然来了一位老儒。这位满腹经纶的先生,曾出入于元朝殿堂。他闻文益渐先生的高风亮节,亲自来拜访这位异国使臣。两位先生一见如故,促膝交心,无话不谈。文益渐学到了避暑和防备禽兽侵袭的办法,也了解了当地的风俗、历史、地理以及待人接物的礼节。就在和这位老儒的交谈中,文益渐第一次听到了"棉花"。

"啊,那开得雪白的花,就是棉花。用棉花能做什么呢?"

纺车（李光平摄影）

"御寒防冻的棉絮，你不曾见过？如能拿它去北方，做生意，可要赚一大笔钱啰！但偷带到国外，一旦发现，是要被处以极刑的。"

"朝廷把我贬到这儿来了，我头一次听到棉花的故事。望您下一次带几颗棉花籽儿来，让我见识见识。"

下次，老先生果然带了一撮棉絮和几颗棉花籽儿来。

"这是个很神奇的东西。"文益渐先生嘴里这么说着，可心里却想："若将它带到自己的国家移植成活，那该有多好啊！"

三年之后，也就是1366年，文益渐被准许回高丽国。

就要回国了，棉花籽儿怎么办呢？文先生翻来覆去睡不着，几乎是睁着眼睛过了几宿。回国不是几天几夜就能走到的，路上需要花几个月的时间。这几个月的路程，不知要经过多少关卡，不知要搜身盘问多少遍，不知要折腾多少次。怎样才把它藏得耗子闻不着味儿、鸟雀们发现不了粒儿，别让它受潮，更不能让它发霉呢？怎么能把它神不知鬼不觉地带回去呢？这些忧虑使文益渐饭吃不香、觉睡不好。他想起黎民百姓们缺衣少穿、无棉御寒的情景，心就越发着急。他只身一人，只有那么几样东西，哪里可以藏棉花籽呢？……书、纸、砚，还有毛笔，当他想到毛笔的时候，眼睛一亮，心豁然开朗起来！

"毛笔的笔杆儿不是空的嘛！"

文益渐先生历千辛，经万苦，行走千万里，终于回到了故国。

回到故国，他首先找到老岳父家，向老人家深深地鞠躬行礼，请安问好。

"岳父，我带来一件稀世珍宝。"他将毛笔恭敬地放在了老人家面前。

那老丈人家还以为是一杆普普通通的毛笔呢，说："你们读书人毕竟不一般啊！那么老远，还带这个来。"说着老人家磨墨展纸要试笔，女婿却咯咯笑起来。他揭开笔杆儿塞子，倒出了十颗毛茸茸的棉花籽儿。

"这是什么东西啊?"

"这叫棉花籽儿。"

老人仔细地听了姑爷的讲述以后,高兴得合不拢嘴,说:"这真是稀罕的东西啊!"翁婿俩商量之后,在自己的院子里,选好干土、湿土、沙质土、黏土,把棉花籽儿种在各种不同的土质里。不幸,由于栽培不当,不善侍弄,又没法求教于人,棉花苗大部分死掉,好歹救活了一株。文益渐夜以继日,精心侍弄,终于使它开出花、结下果。一年又一年,棉花"传宗接代",不久就在朝鲜三南一带普及推广开了。

文益渐先生的孙子文来继承祖父的遗志,刻苦努力,创制一种可以从棉花中抽纺出棉纱的纺车。后人为了纪念他,借"文来"的谐音,给纺车取名叫"牡儿来"。文来的弟弟文永创制一种织布机,将棉纱织成棉布。人们给这种棉布取名叫"牡米永"。

文益渐先生的夙愿实现了。这里的人民从此用自己种植的棉花纺线织布做衣裳,冬天穿上了絮棉花的棉衣,可以御寒保暖了。

从此,文益渐先生的英名同棉花、棉纱、棉布紧紧地联在一起,世世代代流传下来。

(四)辫带的故事

收集整理:李龙得
翻　　译:陈雪鸿

辫带,就是扎长发时使用的带子。朝鲜族女性自古以来就有使用辫带来装饰头发的习俗。

朝鲜族女人十分爱护和关心自己的孩子,非常重视装饰孩子的头发,只要有一片小布条也要珍藏起来,然后与其他小布条一起精心编成辫带,用来给孩子扎头发。

相传在朝鲜中宗时期,清州地方有个一生保持

辫带

老年七彩服（李成飞供图）

贞节的艺妓叫春节。她不仅是个绝色美人，而且能歌善舞，擅长吟诗歌，弹奏伽倻琴、玄鹤琴等乐器的技艺更是令人叫绝。

当时，清州牧使有个名叫成齐员的好朋友。有一天，成齐员到清州牧使家拜访。清州牧使把春节叫来介绍给成齐员。春节了解到成齐员不仅博学多才，而且是个半辈子与诗为友的人，就与他携手结伴踏上了游访的旅途。

就这样旅行了几个月以后，成齐员返回了自己在都城的家里，而春节则在自己家里歇息，以解旅途的疲劳。有一天，清州牧使来到春节家里，谈话中关切地问道："这段时间里有没有互诉衷肠？"

"他是个了不起的圣人。虽然几个月来食宿在一起，和睦相处，却从来没有对我的身子有过非分之想。"

"你说什么？竟然没有发生过同寝共眠的事情？这不是弥天大谎吗？"

"这的确是如同弥天大谎般的真话。"

"这怎么可能呢？他可是个血气方刚的男子呀！"

"他真的是个血气方刚的男子。可是，一到夜里就寝时，他就会视我为木石。他只是把我看作精神上的恋人而爱惜。"

为此，清州牧使对春节大加赞赏，称她为永远守节的贞女，并亲自买来红布扎在她的头发上。据说，红布后来就逐渐变成了辫带。

从那以后，春节为自己精神上的恋人成齐员终身守节，活到七旬也没有结交过别的男人。

七彩袖"都鲁麻基"

（五）花甲彩袖衣

收集整理：李龙得
翻　　译：陈雪鸿

花甲是人生重要的大事之一。过去，人们的寿命较短，能活过60岁就不能不说是一件极有福气的事情。自古以来，朝鲜族在庆贺60寿宴的时候，如果过花甲人的父母在世的话，还要另外准备庆贺周岁的喜宴。从父母的角度来说，即使自己的儿子已经是花甲之年，依然如同刚满周岁的孩子一样。因此，要给过花甲的人穿上彩袖衣服，或者围上红色的腰带来代替彩袖衣服。

关于这样的服饰习俗，还流传着下面的故事。

长袍（李光平摄影）

从前在朝鲜的某个地方有个姓卢的人，他在60岁那年庆贺花甲的时候，为了让健在的父母高兴，特地穿上彩袖衣服在父母面前跳起了各种舞蹈，还做出孩童的各种样子，发出小孩"呜呜"啼哭的声音。

父母看了60岁的儿子跳的各种舞蹈和模仿孩子的样子，忘掉了一切烦恼，心情舒畅，因此寿命也延长了。

从那以后，朝鲜族民间就有了父母双全的男子过花甲时，穿彩袖衣服的习俗。

（六）孩子和长袍

搜集地点：安图县万宝乡
讲　　述：金应八
整　　理：李龙得
翻　　译：陈雪鸿

很久以前，江界郡一户姓张的寡妇家有个独子。这个孩子长得又高又大，竟然进不了屋子，只能住在屋外。他一直长到15岁，都没有一件衣服穿，为此，他母亲心里很是焦虑。

有一天，母亲前去见郡守禀告自己的苦衷："大人，我膝下只有一子。日子过得很快，转眼他已经长到15岁了，可是因为家境窘困，他至今没有一件衣服穿。恳请大人赐他一件衣服，他将会感恩不尽的。"

郡守听罢，心想自己身为郡里

的父母官，难道还不能给一个孩子做件衣服吗？于是，他毫不犹豫地答应了。郡守便吩咐人去量孩子的身材，以便给他做合身的衣服。谁知，一量吓一跳。这孩子不仅脑袋长得大，而且两臂、两腿以及身体都长得相当粗大，大到集江界郡所有的布匹也不够缠他一个手指头的程度。郡守为之大惊失色，马上将这一情况向国王陈述。

国王听后思忖了一下，虽说这孩子长得相当的粗大，但是，难道一个国家还不能为自己的一个臣民做件衣服？于是，国王一口答应。为了给孩子做件合身的衣服，国王下旨将庆尚、全罗、京畿、平安、江原、黄海、忠清、咸镜等八道的布匹全部收集起来。于是，无论是牛马驴骡都套上车将一批批布源源拉进京城。国王又下旨让全国妇女来赶制衣服。谁知，妇女们发现，若做了上衣不够裤料，若做裤子又不够做上衣的料。这件事又叫人为难，不得不再次上奏国王。

国王再次下旨收集布匹，可全国的任何地方都已经找不到一寸布了。无奈，国王只得传旨用全部布匹做一件既非上衣又非裤子的长袍。

姓张的孩子生来头一次穿上长袍，高兴得跑上山头，放声高歌，手舞足蹈。

（七）围巾的故事

讲　述：金德顺
采　录：裴永镇

天一冷，朝鲜族不管男女老少，都喜欢围个围巾，既暖和又好看。围围巾是怎么兴起来的呢？

相传那是很早以前的事了。有这么一个当老丈人的，有一天来到姑爷家，对姑爷说：

"眼下稻子已拔过三遍草了，离割稻还有好些日子呢，咱爷儿俩外出挣点工钱去吧！挣了钱我该张罗过六十岁花甲，你也该添置两件衣裳了。"

姑爷一听，这主意不错，当时就答应下来。他约好日子，带了点盘缠，就同老丈人上路了。

爷儿俩走到哪儿，就在哪做活路，各挣各的钱。老丈人岁数大，身体弱，力气小；姑爷年轻，身子骨棒，力气大，做起活来少不得帮老丈人的忙。

爷儿俩拼死拼活地干了好一阵，省吃俭用攒下些钱。眼看八月十五要开镰收稻谷了，爷儿俩才往回走。

这天晌午，爷儿俩走到阿里郎山，下午就可以到家了。老丈人说："走乏了，咱俩抽袋烟再走吧！"爷儿俩就坐下来歇脚。刚坐下来，老丈人就说："干了好一阵，还不知道赚了多少钱呢，咱们拢拢账吧！"于是各自掏出钱袋子，各点各的钱。结果，老丈人挣的钱还没有姑爷的一半多呢！

老丈人心想：我挣的钱还不如姑爷的半数，叫人知道了丢人现眼呐！再说，要好好过个六十岁花甲，这点钱哪够用啊？

姑爷这边也盘算着：用这些钱先给老丈人买些祝寿的礼品，再给媳妇做两件过冬的棉袄，还得买两把割稻子的镰刀。

老丈人寻思来寻思去，竟然起了坏心眼。他想："干脆把他害了，把钱抢过来。"这可真是十尺深的河

防寒帽

水好探，一尺深的人心难测呀。按说都舍得把亲生闺女嫁给他，哪能为了这点钱就害了他的性命呢？这姑爷虽是别人的血肉，可闺女毕竟是亲骨肉吧！

可是，那老丈人财迷心窍，什么也顾不得了，脑瓜里头装的只有一个"钱"字。什么坏事都能干得出来。

那时候的规矩大，小辈人不能在长辈面前对着抽烟。姑爷侧着身子，背着丈人抽烟，望着岭下各家的草房，眼看就要到家了，心里一阵高兴。可是就在这时，老丈人却拔出尖刀，朝姑爷的脖子"扑哧"就是一刀。姑爷当时就不明白事儿了。

狠心的老丈人把姑爷的钱袋子往自己的裤腰上一掖，走了两步又折回来，把姑爷的衣服扒了个干净，这才朝岭下走去。

这姑爷命大，也不知过了多少时辰，慢慢醒过来了。他一摸脖子，发现被扎了一个大窟窿，还正在冒血呢，他赶忙抓些泥土往伤口上抹呀抹呀，好歹是把血止住了。他手捂脖子，强支起身子想回家，可上下一丝不挂，光溜溜的可咋进村子呢？他越寻思越来火：还是老丈人呢，连过路的生人都不如！不仅对姑爷动刀，还把衣裳都给扒跑了，这做得太绝了！

不管怎么着，也得想办法回家呀！他寻思找块破草袋片遮遮身体也好啊！转悠来转悠去，发现山沟里躺着一个死人，这姑爷仔细一瞧，那死者打扮像个商人，头戴礼帽，身穿大布衫，看样子刚死了不两天。

他上前对死者一鞠躬，说："死去的先生，只因我被丈人所害，弄得一身光溜溜的，把你的衣裳借给我穿穿；你要是肯借，我就把你给埋好！"说完，就把死者的黑布衫扒了下来。他觉得黑布衫有点发板，但也顾不了这些，穿上了黑布衫。然后就用手在地上抠呀扒呀，老半天才扒了个坑把尸体埋了起来。然后又跪在地上，深深地叩了个头，这才往家走。

再说那狠心的老丈人，回家就对女儿撒了个谎，说和姑爷出门后就分了两路，不知道姑爷到哪里去了。

这姑爷回到自家门口，听见媳妇正在屋里哭呢。她边哭边说："好命苦的郎君，你在哪里受苦啊，阿爸挣了好多钱回来，你为啥到现在还没有回家呀？也不知道是死是活！"

这时候，男人一推门进来了："哭啥呀，这不是活着回来了嘛！"

媳妇一看，抹着眼泪赶忙迎了上去，开口就问："身子骨平安呀？挣了多少钱呐？"

他不好对媳妇说实情，便说：

"嗨，碰上了坏运气，钱挣了点，半道上让强盗们抢去了不说，还挨了一刀，差点就送了命！"说着掉下了眼泪。

善良的媳妇也流着泪劝他："保住了命就是万幸，什么钱不钱的，有了人才有钱，没有了人，要钱有啥用啊。"说着赶忙给丈夫包伤口，又拿出衣裳来给他换。

媳妇接过丈夫脱下的衣服，问他："从哪捡来这么一件破衣裳，把它扔了吧！"

男人赶忙说："别扔，别扔，洗了当抹布用也好嘛！"

勤快的媳妇当晚就要洗衣裳。她把那件布衫拆开一看，嚄！衣裳夹层里全是嘎嘎新的钱钞。这下可乐坏了，就对丈夫说：

"你呀，你把这么多钱缝在衣裳里，还瞒我呢！"

男人听了，当时寻思过劲来，就顺着媳妇说："是呀，我给你开个玩笑。挣了那么多钱，让人抢去咋办呐？我就把钱缝衣裳里了。你瞧，强盗们把我扎一刀，可钱呢，他一个子也没抢去！"

媳妇听了，信以为真。

第二天，正好是老丈人的六十岁花甲。姑爷用长条白布往脖子上一围，置办了丰盛的贺礼，夫妻双双去老丈人家拜寿去了。

这姑爷见了丈人丈母，就像啥事都没发生一样，照样磕头敬礼。可老丈人一看姑爷没死，心里"咯噔"一下，像千斤巨石压在了心头上。

拜寿开始了，老丈人往大桌前一坐，姑爷就上前去拜寿。老丈人的脸一会儿红，一会儿白，坐也不是，立也不是，恨不能钻进地里去。

拜完寿就开始喝酒。大伙儿好奇地问姑爷为啥脖上围块白布，姑爷按着传统，一边敲着桌子，一边唱起了"潘唆里"，把自己怎么同老丈人一块出去干活，老丈人如何谋财害命、他又怎样从死人身上得到一大笔钱，全都唱了出来。这么一来，在座的男女老少都气坏了，都蹦起来揪住那老丈人，就连亲生女儿和老伴儿都动了手，把老头打得直叫唤。

这时候，姑爷赶忙上前劝解说："不管怎么说，他还是我的丈人嘛。人生在世哪能没错呢？再说，我能得到一大笔钱，也正是老丈人的恩德呀！看在我的面上，大伙就饶了他这次吧！"

姑爷这么一说，大伙便饶了老头一命，人们也更加尊敬这位宽宏大量的姑爷了。以后，人们都仿效他围起了围巾，一来可以挡风保暖，二来教人记住这个故事，做人心术要正。这个习惯就一直保留到现在。

（八）幸州围裙

朝鲜族勤快、手艺灵巧的大嫂们干活儿时喜欢在腰间围上一块用上衣飘带和裙边系在一起的围裙，这叫幸州围裙。为什么不单称围裙而要加上"幸州"两字，这里头流传着一个故事。

距现在约四百年前，壬辰倭乱。当时，倭寇动员了水陆二十万军队，并由五名将军率领五万人的先遣队，拿着鸟铳，从釜山登陆。朝鲜向中国明朝廷求援。明朝廷派提督李余松率领四万大军出兵支援。朝鲜军民和明朝军队同心协力抗击倭兵，迫使倭兵在西部前线放弃平壤仓皇逃跑。朝鲜的一个将军在都城西北面的幸州山城路口摆开阵势，等待时机歼灭敌人。倭寇被明军从平壤赶出来，刚踏上幸州地面就遭到突然袭击，被杀得横尸遍野。陷入重围的敌人收拾残兵败将进行反扑，也就在这场战斗最激烈的时候，朝鲜士兵的箭矢用完了，不得不展开石战。善于投掷的男人们对准冲上前来的倭兵投石块，大嫂们用裙边兜着石块来回运送。当裙边儿破了，再不能用来运搬石块时，她们不管是麻布包袱皮儿，还是麻布口袋，都拿来像围裙似的围在腰间，继续兜着石块往前线运。终于，把倭兵打得死的死、伤的伤，取得了战斗的胜利。

从此以后，大嫂在干活儿时总爱围上一条围裙。由于这围裙在抗击幸州倭寇时立下了功劳，所以人们就把它称之为"幸州围裙"。现在，这已成为独特的服饰了。

（九）彩袖衣

朝鲜族民间在给孩子过周岁生日或逢年过节时，都会给孩子穿上五颜六色的彩袖衣服。关于彩袖衣的由来，流传着这样的故事。

相传在很久以前，有一户人家的丈夫要出远门去挣钱。动身那一天，他看着怀孕的妻子交代了一件事情："老婆，据我看，你会生下多个孩子的。你把各种颜色的碎布集中起来，等孩子们出生以后，给头一个出生的孩子系上红腰带，给第二个孩子系上绿腰带，给第三个孩子系上蓝腰带，给第四个孩子系上黄腰带……这样，等我回来即使不问，也能很容易地分清老大、老二、老三、老四……"

丈夫离家不久以后，妻子果然生了七胞胎。她按照丈夫临走时的吩咐，用各种颜色的碎布给七个孩子按出生顺序做了衣服。一年以后，丈夫回到家里，全家人一片欢声笑语。

从那以后，民间就出现了七种颜色的布，被称为彩袖布或七色缎。用这样的布给孩子们做的衣服，就叫彩袖衣。

（十）大裆裤

早年，有这么一个村子，有家姓朴的，有家姓赵的，还有一家姓金的。朴姓人家有个儿子，赵姓人家有个闺女。两个孩子订了婚,却因为穷不能娶嫁。姓金的是个财主,看老赵家的姑娘挺俊,就起了坏心眼儿,整天琢磨着怎么把姓朴的小伙儿害死,把姓赵的姑娘娶来。这一天,金财主把姓朴的小伙子找来,说要雇他看山,但不许动烟火。小伙子一听就明白了,不动烟火咋做饭?这明摆着是要饿死自己。回家就把这事儿跟赵姑娘说了。姑娘二话没说,给小伙子缝了一条裤子,这裤子和别人的不一样,裤裆特别大。临上山那天,金财主一看小伙子真的啥也没带,就让打短工的把他领到了山上。到了山上,没房没屋的,小伙子就找个石洞钻了进去。打短工的被金财主收买了,一见小伙子进了山洞,就用几块大石头把洞口堵死了。朴小伙子被困在山洞里,出不去走不了,哭了老半天。后来坐下来,觉得裤裆硌,用手一摸,原来是一堆牛肉干,当时就乐了。他就着石洞里的泉水,连吃带喝,不一会儿饱了肚子,浑身有了劲儿,运了几回气儿,就把石头推开了。

金财主听了打短工的禀报,以为小伙子死了,就派人去抢赵姑娘。金财主的人抢了赵姑娘正往家走,不曾想小伙子回来了,看见金财主的手下人抢他的媳妇,当时就气炸了肺,"嗷"地怪叫一声抢着拳头就打了上去,直把那帮抢亲的人打得半死不活。金财主纳闷:"这小子不是死了吗?咋诈尸了呢?"就在他胡思乱想的时候,小伙子说话了:"老财主,你听着。你想害死我,可是老天有眼!告诉你,今后你要再干坏事,老天就会派雷公打雷劈死你!"金财主一听,吓得尿了裤子,再也不敢做抢媳妇的事儿了。从此以后,朝鲜族姑娘给心上人做裤子时都加大裤裆的尺寸,以祝福自己的男人平安无恙。一来二去便成了习惯,朝鲜族男子的裤子全都成了大裤裆了。

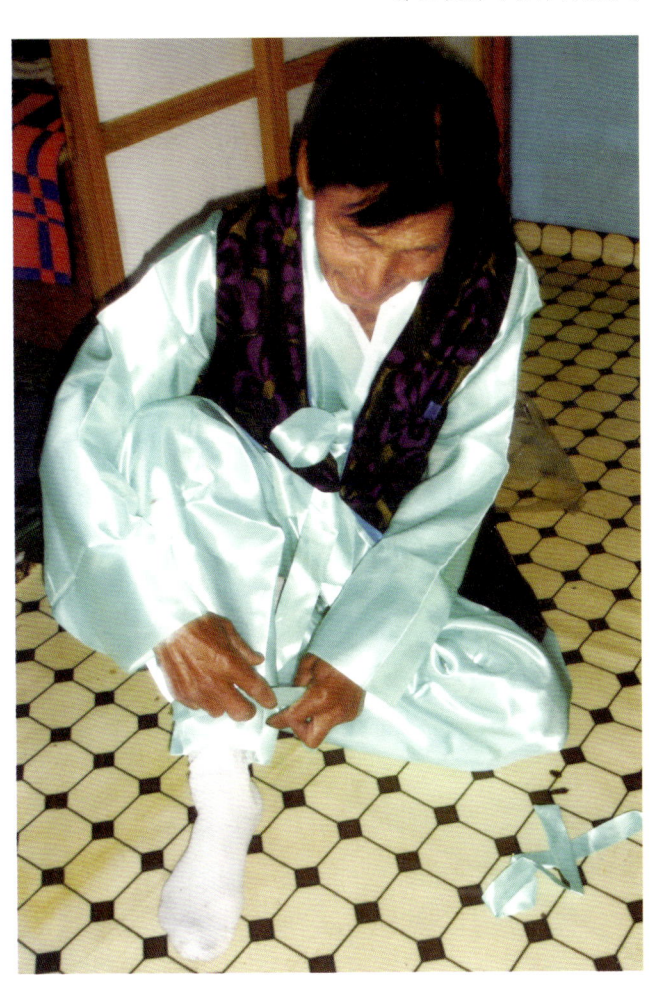

穿大裆裤(曹保明摄影)

长鼓舞（李光平摄影）

（十一）百日红

朝鲜族服饰的色彩特别鲜艳，给人一种集大自然的多种色彩于一身的感觉，真是动人极了。尤其是红色，无论是大人小孩都喜欢。为什么朝鲜族喜欢穿红色，这里有一个动人的传说。

在美丽的延边，春、夏、秋、冬季季都有花开。大部分花从开到谢只有几日，不过却有一种花儿从初夏一直开到晚秋，整整一百天，人们称它为"百日红"。只要有"百日红"的地方，毒蛇就不敢近前，所以，爱花的主妇们常常把"百日红"种在酱台四周。"百日红"为什么红百日？毒蛇又为什么不敢近前呢？

传说，海边有个渔村，村前住着一个勤劳、勇敢、力大过人的青年舵手，村后住着一个美丽、娴雅、会做酱的姑娘。这两个穷人家的孩子劳动生活在一起，他们心连心，形影不离，对着大海盟誓，结下百年姻缘。吉日已经定下，姑娘忙着做嫁妆，只等喜日一到就出阁。青年舵手比以往更勤奋，迎着海风，早出晚归。这天，出海捕鱼，他高兴地唱起歌来：

> 哎哟嗬依嗬，
> 哎哟嗬依嗬！
> 驾起捕鱼船，
> 划出大海湾。
> 小小捕鱼船，
> 鲜鱼装满满。
> 万家渔村里，
> 人人笑满面
> ……

他和渔民们边唱歌边划船，一直划过十二道海湾，冲破一千道浪，来到深海，找到了鱼群。渔民们兴高采烈地摆开阵式，张开大网，刚要撒下去，突然狂风大作，掀起几丈高的浪头，原来是海中的魔怪兴风作浪。这是一条三头海蟒，它驱散了鱼群，撞坏了渔船。渔民们跌落到波浪滔天的大海里，漂啊，游啊，和风浪搏斗许久，才爬上了岸。

从此，人们不敢出海捕鱼了。凶恶的海怪更加肆无忌惮，翻江倒海，常常闹得人们不得安宁。依靠捕鱼糊口的乡亲们生活越来越苦，日子过不下去。爷爷哭，孙子叫，一堆堆长网闲在船上……可这有什么办法啊？这时，村前那个青年舵手挺身而出，自告奋勇要和海蟒决斗，为民除害。接着，其他小伙子和姑娘们都争着要跟青年一起去杀妖魔。

大伙选出一队精明强悍的渔民随青年出征。每个人打扮得跟武士一样，手里拿着锃亮的长刀。会做大酱的姑娘领着媳妇们做了很多黄饭团子，放在船舱里。出发这一天，人们到海边去送勇士，祝福他们早日凯旋。美丽的姑娘送青年走了一程又一程，千叮咛、万嘱咐。青年知道，这一去生死不可预料，他安慰泪流满面的姑娘说："别难过，我一定会回来……"说着，从腰里掏出一面镜子交给姑娘："你拿着这面镜子，我走了，你就看着它吧。你看见里面有根白桅杆，就是我胜利了；如果看见有根红桅杆，它渐渐又变黑了，镜子也昏暗不清了，那就是我……"姑娘不让他再说下去了。青年跳上船，破开万顷波澜，驶向遥远的深海。

送走了青年，姑娘日日夜夜看着镜子。日子一天天过去，镜子一直像海水一样透明，白色的桅杆清晰可见。姑娘带血丝的眼睛，笑成一条线。她到处去报喜，家家去送信。

转眼间，勇士们离家一个多月了。突然有一天，镜子里波涛汹涌，忽而晴朗，忽而阴暗，变化多端。姑娘看着镜子，急得如坐针毡。过了一阵，镜子又变得透明清澄了。姑娘把镜子贴在胸前，她的心刚刚有些舒展，忽然，凶兆出现在眼前。她看见镜子里出现一根红桅杆，红色再也不变了。姑娘心凉了，她难过得直流泪。又等了几天，镜子中的情景还在不停地变动着，但那桅杆还是鲜红的，丝毫没有变白。

姑娘按捺不住心中的焦急，抱着镜子跑到海边，望着翻腾的大海哭泣。她等啊，等啊，一直不见青年回来。这时，镜子里的红桅杆渐渐变成黑色，姑娘抱着镜子倒在海滩上，再也没起来。

人们把姑娘葬在阳坡地。第二天，坟头上开出了五色鲜花，其中一枝又红又大，很惹人喜爱。

正当这不知名的鲜花开满一百天的时候，勇士们敲着胜利鼓凯旋了。勇敢的青年站在船头向乡亲们招手，告诉乡亲们："凶恶的海蟒已经被杀死了，咱们又可以放心出海捕鱼了。"……

青年得知姑娘为自己忧伤而死，悲痛万分。他猛然抬头，看见桅杆上染了海蟒的血。原来在砍海蟒脑袋时，血喷到桅杆上，所以姑娘的镜子里出现了红黑色。

青年悲痛万分，跑到姑娘的坟地。坟上的那朵整整开了一百天的大红花开得正艳，突然，花瓣一片一片地飘落下，从此枯萎了。

从那以后，每年夏天，姑娘的坟头都开满了这种不知名的花，而且一定要绽放百日才肯败落，于是人们就给它起了个名字叫"百日红"。

"百日红"就是姑娘的灵魂所变。姑娘生前恨透了海蟒，所以死后，毒蛇再也不敢靠近"百日红"的跟前。朝鲜族姑娘喜穿红色是她们对理想和爱情的追求，是对美好生活的向往。

二、服饰歌谣

（一）织布机之歌

演　唱：具龙焕
采　录：李黄勋
翻　译：紫荆

(1)
把织布机悬于空中，
织不完云丝霞线。
枣木作机座，
树墩作机托，
黄柏作机轴。
俊妞织布无伴，
让一只老犬，
伏在织机旁边。
站着也能织，
坐着也能织，
默默地织出鲜艳。

织成麻布献给谁？
哥哥不久做新郎，

织麻布（李光平摄影）

锅盖围上更明眼。
姐姐接着就出嫁，
用作轿幔很鲜艳。
剩下的裁成自己的衬衣，
无领无襟料不全。
唉！更可叹有针无线，
夜夜徒自对苍天。

    （2）
当户摇织机，
无日得歇息。
哎嗨哎嗨呀，
织麻布的姑娘，

梭（织布机部件）

低声哼唱爱情曲，
又忧又愁泪淋淋。

白天织的是日光缎，
夜晚织的是月光绫。
哎嗨哎嗨呀，
织麻布的姑娘，
低声哼唱爱情曲，
又忧又愁泪淋淋。

织出匹匹日丹缎，
让郎君衣绸着锦。
哎嗨哎嗨呀，
织麻布的姑娘，
低声哼唱爱情曲，
又忧又愁泪淋淋。

(3)
摇起织布机，
摇起织布机，
面向白栏杆，
摇起织布机。

哎嗨哎嗨哟,
织女愁难尽,
口唱爱情曲,
摇织布机。

织出麻布,
献给谁啊?
织布的手,
落满泪滴。
哎嗨哎嗨哟,
织女愁难尽,
口唱爱情曲,
手摇织布机。

飞针走线,
线随针行。
郎君他往,
能不跟去?
哎嗨哎嗨哟,
织女愁难尽,
口唱爱情曲,
手摇织布机。

雄鸡雄鸡,
切莫鸣啼,
方寸已乱,
织不成匹。
哎嗨哎嗨哟,
织女愁难尽,
口唱爱情曲,
手摇织布机。

（二）洗衣歌

演　唱：郑成七
采　录：李龙得
翻　译：紫荆

哎嗨——哎嗨！
对面山沟雾气浓，
沟水奔流轰隆隆，
孩子孩子且莫哭。
晾衣树枝和草丛，
天色晴朗阳光好，
衣裳晾干心轻松。

顶着衣裳回家转，
日落月上东山峰。
婴孩闹着要吃奶，
大孩腹饥放悲声。
孩子孩子且莫哭，
你们流的是眼泪，
血泪奔涌我胸中。

父被抓丁已三载，
按理已该回家中。
杳无音信费猜想，
未卜生死和吉凶。
孩子孩子且莫哭，
吃饱喝足快睡觉，
唯我通宵难入梦。

（三）纺车打铃

演　唱：赵贞烈
采　录：金泰甲
翻　译：紫荆

> 纺车啊纺车，
> 转啊转啊不知疲倦。
> 勤俭的姑娘，
> 露水沾衣犹未睡眠。
> 哎呀蒂呀，哎嗨哎呀，
> 哎呀啦蒂唷啦山啊唧啰古啦。
>
> 东升有月亮，
> 北已斜照西窗。
> 夜阑更深万籁俱静，
> 只有纺车仍在歌唱。
> 哎呀蒂呀，哎嗨哎呀，
> 哎呀啦蒂唷啦山啊唧啰古啦。
>
> 雄鸡一啼唱，
> 夜尽天大亮。
> 纺车不住呜咽，
> 长夜难明泪汪汪。
> 哎呀蒂呀，哎嗨哎呀，
> 哎呀啦蒂唷啦山啊唧啰古啦。

第十章

服饰传承与发展

经过漫长的生活沿袭、口承言传,朝鲜族保留了独有的服饰文化特征。如今,朝鲜族传统服饰已进入产业化发展时期,民族文化的传承和发展迎来了新的机遇。

20 世纪 20 年代日常生活服饰
20 世纪 60 年代日常生活服饰
（李光平供图）

一、民间传承

朝鲜族服饰的传承，主要是靠民间艺人的言传身教和家庭的生活沿袭。一家一户，老人给儿女们做各种服饰，孩子们长大了，又教给自己的孩子。于是，这种技艺就一代一代地传承下来了。过去，朝鲜族多居住于偏僻的山村，靠自家种的麻来织成土布，再做衣穿戴。后来，城里或镇子上有了织布店和裁缝铺子，人们开始到那里去买织布机织出的布和丝绢、绸缎来做衣服。这时，服饰的颜色也随之丰富了。

如今，在朝鲜族主要居住地延边朝鲜族自治州境内有很多保留朝鲜民族传统服饰制作工艺的大师和能手，金贞姬是最有名气的一位。

金贞姬出生在安图，心灵手巧。母亲在她幼小时就教她做活，女孩子不会做衣物是不行的。

9 岁那年，她和一个小伙伴来到了龙井。小伙伴叫英姬，是一个抗日者，但当时贞姬不知道。一次，日本鬼子来到了村子里，英姬需要把一封很重要的信送给游击队，可是鬼子们已经盯上了英姬。这时，贞姬说："任务交给我吧……"

"你能行吗？这可是顶顶重要的事。"

贞姬说："我能行。我把信放在我的衣服飘带里。"

于是英姬赶紧把那封重要的信

20世纪70年代日常生活服饰
20世纪80年代日常生活服饰
（李光平摄影）

塞进了贞姬的衣服飘带里。小贞姬走出屋，奔向敌人的封锁线。在敌人的面前，她一点也不惊慌，最终把这封重要的信送到了游击队手里。

后来，英姬逢人便说忘不了那个勇敢的小姑娘，忘不了那个冲向敌人封锁线的衣带飘飘的贞姬姑娘。也正是那个时候，贞姬已经是一个女裁缝能手了。她把衣服做得非常的合身合体，衣服上的飘带轻柔而漂亮。每当穿上自己做的衣裳，她都会情不自禁地抚摸飘带，眼中充满泪花。因为，就在贞姬给游击队送信之后的第三年，英姬姐姐英勇牺牲了。于是，她每当做好一件衣服，每当抚摸着衣服上美丽的飘带，一种对英雄姐姐的思念便会油然而生。这样，她的裁缝手艺也更好了，她希望用自己的巧手缝制出更多更漂亮的衣服，让更多的人都能穿得漂漂亮亮的，让人们生活得更幸福。

贞姬共有七个孩子，三个儿子、四个姑娘。崔月玉是老二，贞姬心里最

朝鲜族传统服饰传承人金贞姬（曹保明摄影）

偏爱的就是这个女儿。月玉小的时候常常围着妈妈转，看母亲画画、裁剪。妈妈也手把手地教她画画、设计、绣枕头花、绣烟荷包。小月玉看着母亲晚上在昏暗的小油灯下剪啊、缝啊、绣啊，然后又装在筐子里，拿到集上去卖。

女儿看在眼里，也记在了心中。

一天，天阴了，眼看就来暴雨了，可是母亲依然挎着装着夜里做好的绣品的小筐走了。月玉心疼得哭起来，母亲多么不易呀，她要替母亲分忧。于是，她偷偷地做起了荷包。

那一夜，暴雨如注。天快亮时，母亲才拖着疲惫脚步回来。她看见女儿被针扎破的小手，再看女儿绣出的一个又一个好看的小荷包，感动得把女儿搂在了怀里。

从此，贞姬上心教女儿，月玉也逐渐成为了一个和妈妈一样出名的巧手裁缝。当地谁家有什么重要的日子，或举行什么集会活动，或是要做过年过节的新衣，都自然而然地想到请她们母女。她们母女俩都是巧手的裁缝，不穿上她们做的服饰，村里人怎么过节呢？

就这样，一个裁缝世家就诞生了。

2008年，金贞姬老人83岁了。她住在离延吉市43公里的铜佛寺村东日大队，这也是崔月玉出生的地方。老人不愿离开这里，她一个人守着被树木和花草包围着的院落。

平时，她在火炕上不停地裁剪，

两代传承人——金贞姬与崔月玉（左）（曹保明摄影）

朝鲜族传统服饰传承人崔月玉（右一）（曹保明摄影）
1971年建成的延吉市朝鲜族绸缎厂生产场景
延边针织厂生产场景
（引自中国摄影者协会延边分会编：《延边》，延吉，延边人民出版社，1982。）

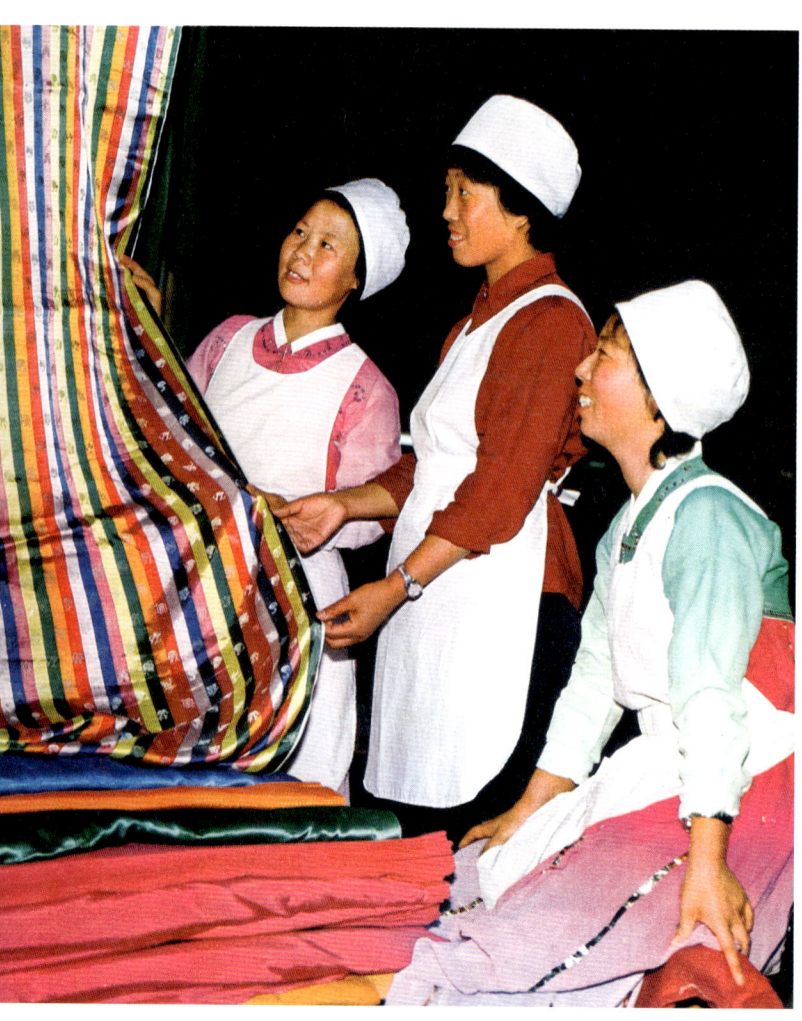

一到星期天、节假日，女儿月玉就来"讨艺"。

59岁的女儿见到83岁的母亲立刻施礼。母亲还是拿女儿当小孩子一样看待，不停地逗女儿，并问女儿布料染得怎么样，衣衫做得怎么样，有什么新的式样。

母亲会找出几件衣服，铺在炕上，一边摆弄一边告诉女儿裁剪和制作朝鲜族服饰的手艺和秘诀。女儿呢，一边帮妈妈做饭，一边细心聆听。于是，这种宝贵的民间手艺便传下来了。崔月玉也常常带儿子和儿媳来向老人学习。

每次回乡，崔月玉也便走进了自然、走进了田野。

她经常将布的颜色同乡间大自然的颜色进行比较。

她还把鲜花带到印染作坊去同染出来的布料做对比。

制作现场，白布挂在横杆上，工人先给布上色，然后上花，然后再按要求喷出彩虹般美丽的色彩。而这些，崔月玉都要拿花、草、树枝来现场做比较。她想让衣服的色彩与大自然的颜色一样多彩和美丽。

所以，她的作坊做出的服饰，无论是花瓣、花纹、花色，都和大自然的色彩一样，再加上有妈妈的指导，这里的民族服饰就愈加出名了。

清朝末期，金河延、袁银淑夫妇渡过图们江来到了今天的安图县落户，到今天已有一百多年了。他们把手艺传给了长女金贞姬，而金贞姬呢，又把父母在朝鲜学的传统服饰的制作方法与织布技艺传给了二女儿崔月玉。这以后，崔月玉又把从母亲那里学来的手艺传给了自己的儿子和儿媳，甚至又传给了孙子孙女，这门制作民族服饰的技艺，就这样一代代传承下来了。

在朝鲜族服饰文化中，刺绣是非常重要的

刘松玉（上图中、下图左）和她的学员（李钟杰摄影）

元素。朝鲜族刺绣技艺也是民间的造型艺术，文化内涵非常丰富，如果没有刺绣的点缀，朝鲜族服饰的艺术魅力和文化价值就有所逊色。刘松玉是朝鲜族刺绣技艺最具代表性的传承人。1956年，她出生在吉林省龙井市的普通市民家庭，从小喜爱摆弄针线。母亲黄玉珍和姨妈黄海凤是当地有名气的裁缝、刺绣艺人。她们看到刘松玉在针线活方面有天赋，便系统地向她传授了刺绣的技艺。功夫不负有心人，刘松玉长成大姑娘时，她的刺绣技艺已经在周边颇有名气，几乎承包了邻里街坊的刺绣嫁妆活。1983年，她在龙井开了一家刺绣养成所，生产刺绣制品。当时，她看到朝鲜族传统服饰的市场潜力，精心研究传统服饰设计和刺绣施纹技术，创造出"礼美"服饰品牌。2000年，刘松玉开创了礼美民族服装有限公司，下设专门的服装加工厂和服装专卖店。在创业过程中，刘松玉始终不忘传统刺绣技艺的修炼和后续人才的培养，开办培训班，亲自教授传统技艺，已经培养了数十名传承人，为朝鲜族传统服饰制作技艺的继承和发展立下了汗马功劳。

崔月玉民族服装厂
民族服饰商场
（曹保明摄影）

二、产业发展

新中国成立后，党和政府大力扶持和发展朝鲜族特殊用品工业，形成了绸缎等各类布料在内的民族工业生产体系，延边成为全国11家民族特殊用品生产基地之一。1950年10月，当时的东北人民政府为了解决朝鲜族的穿鞋问题，把沈阳的一家橡胶鞋厂改建成了延边橡胶制造厂。1980年，该厂的员工达1700人，年产值达到1490余万元，主要生产朝鲜族传统的橡胶鞋和各类实用鞋。

朝鲜族非常喜爱绸缎服装。延边朝鲜族自治州政府在国家民族产业发展政策的推动之下，于1971年创立了延吉市绸缎厂，生产七彩缎等各类绸缎产品，满足朝鲜族民众的需求。据统计，1980年的绸缎销售量为115.98万米。1952年9月成立的延边民族服装厂是改革开放以前唯一的朝鲜族服饰生产企业，专门生产各类朝鲜族服装，销售到吉林省内和省外的朝鲜族聚居区。

从新中国成立到1980年，延边朝鲜族地区专门的民族服装企业为数不多，产品出现"供不应求"的局面。大部分民族服装需求，通过民间自制的方式来解决。城乡的各个街道、村屯，都有小规模的裁缝店，顾客自己带料去委托制作。而一些有裁缝手艺的妇女，则收适当的工钱，为街坊邻里服务。

进入20世纪90年代，韩国先进的生产技术和商业营销方式传入，人们认识到民族服装的发展潜力，不少有商业意识的妇女逐渐进入到民族服装的生产和营销行业。在延吉市的各个市场，都有朝鲜族服装裁剪、营销点。有花甲、婚事、生日等喜事的家庭，都到专门的裁缝营销店购置传统服装。如今，在整个延边地区，有朝鲜族文化特色的民俗活动比较频繁，民族服装的需求量很大，生产企业和商家因此而赢得了经济效益和社会效益，朝鲜族传统服饰的传承和发展迈向新的重要时期，民族服饰形成了产业化发展，涌现出生产、销售、服务、研究、传授为一体的新型企业。

截至2009年，延边地区拥有174家规模不同的服装生产企业，其中专门生产民族服饰的企业有几十家。比较有特点的民族服饰产业是延吉市星月民族服装厂和延边礼美民族服装有限公司。

20世纪70年代末期，崔月玉来到延吉开了一家专门制作朝鲜族服饰的手工作坊，制作婚纱、荷包、枕套、坐垫等，在延吉逐渐成名。然而，崔月玉并不满足于现状，她给自己安排了一个学习计划，开始四方拜师求艺。她先从延边的各市县开始，只要听说有手艺巧者，她便投身去学。她先后去了安图、和龙、珲春、图们，还到北京、杭州、黑龙江和辽宁一些地方见世面，开阔眼界，了解大量的信息，掌握了许多的绝活。1991年的夏天，她投资15万元开办了延吉星月民族服装厂，并将自己的"月玉"牌传统服饰申请了"中国驰名商标"。她的生产传承，一开始就确定了创名牌、创一流的信念，她生产的民族服饰在全国各大民族文化展示会上获得赞誉，2008年奥运会开幕式上的朝鲜族舞蹈服饰是由她亲手设计的，电视剧《金达莱》中的朝鲜族服饰也出于她的巧手。2008年，朝鲜族传统服饰被列入国家级非物质文化遗产名录，星月民族服装厂成为该项目的传承单位。

延边圣宇民族服饰有限公司（原延边礼美民族服装有限公司），是集设计、生产、销售为一体的民族服饰生产企业。公司始建于1983年，是当时延边朝鲜族自治州朝鲜民族服装界的龙头企业。公司从韩国引进了先进的染色、印花、绘图、绣花、缝纫等生产设备，生产出的产品样式齐全，品种多样，深受国内外客商的青睐。"礼美"服饰远销韩国、朝鲜、日本和东南亚。2000年，"礼美"服饰参加延吉市中国朝鲜族民俗博览会获得优异成绩；2003年，"礼美"在法国巴黎举办的中国民族服饰展览会举办"盛开的金达莱"朝鲜族服饰展示专场，博得了组委会和法国服装界的高度赞赏。经过二十多年的发展，该公司已成长为一个以民族服装生产为核心，经营传统朝鲜族服、改良朝鲜族服、各种民俗礼品及旅游纪念品等商品的企业，为弘扬民族文化起到了积极的作用。2005年，公司顺利通过了ISO9001质量认证，被批准为全国民族特需用品定点生产单位。

从目前的情况看，民族服装产业的发展还不平衡，企业规模也较小，品牌效应还不太明显，在设计上大多仿照韩国，自我研发的步伐比较缓慢。最让人担忧的是后继人才的不足。目前，从事民族服饰制作的人员主要是中老年妇女，她们都是从小开始通过前一辈的言传身教来学会服饰制作技艺的。在年轻人当中，掌握服饰制作技艺的人甚少，传统的手工技艺面临失传的危机。另外，许多人只重视机械生产，对手工裁缝的技艺缺乏认识，不知它的艺术价值和技术附加值。

值得欣慰的是，人们越来越重视传统文化的继承和发展，并在具体的生活当中尽力体现，以此来提升生活的质量和品位。毋庸置疑，朝鲜族传统服饰的前景是美好的。

参考文献

曹保明.乌拉手记－东北田野民俗考察[M].北京：学苑出版社，2001.
韩俊光，千寿山.中国朝鲜族历史研究论丛（1）[M].延吉：延边大学出版社，1987.
黄能魏，陈娟，等.中国服饰史[M].北京：中国旅游出版社，1998.
金英淑，孙敬子.韩国服饰图鉴[M].艺耕产业社，1990.
金泽.吉林朝鲜族[M].长春：吉林人民出版社，1993.
李顺信，李金山.朝鲜的民俗传统（2）[M].平壤：朝鲜科学百科辞典综合出版社，1995.
千寿山，金钟.中国朝鲜族风俗[M].沈阳：辽宁人民出版社，1996.
许辉勋.朝鲜族民俗文化及其中国特色[M].延吉：延边大学出版社，2007.
延边朝鲜族史编写组.延边朝鲜族史（上）[M].延吉：延边人民出版社，2010.

后记

服饰，记载和传承了人类生存最为生动的历程。朝鲜族服饰是我国朝鲜族人民劳动、节庆、娱乐等生活印迹和岁月的生动再现，是一部珍贵的生活史和民族文化史。在抢救、挖掘、收集、整理朝鲜族服饰的过程中，我们始终被浓浓的民族情感围绕，似乎不是在归集服饰，而是在体会一个民族优秀的文化。

在该项目的田野调查中，我们走访了朝鲜族聚居的大部分地区。每到一处，得知我们此行的目的，便有许多优秀的服饰传人拿出珍藏的衣帽，给我们介绍；许多热心人不远几十里甚至上百里到乡下亲朋家里寻找有意义的服饰，供我们了解；年迈的服饰传人为我们讲述服饰的老故事。崔月玉的老母亲还为我们唱有关衣服和穿戴的歌谣。所有的一切，都让我们感动不已，也让我们真切地感受到了服饰文化的巨大魅力。

《中国服饰文化集成·朝鲜族卷》的问世，得益于广大关心朝鲜族服饰文化的各界人士。时任中共延边州委书记的邓凯先生曾两次来电询问该书的进展情况，并指派相关专家前来指导；延边州委宣传部领导亲自过问把关，延边州文联、延边民间文艺家协会领导亲自审定书稿；延边博物馆、文史馆和地方志办公室也给予了大量协助；著名学者千寿山、韩光云，朝鲜族民俗文化学者吴正默，著名摄影家李光平等，从各方面给予了大力支持。基于诸多关心和帮助，该卷才得以更加充实和完善。

本书使用的图片，由个人摄影或提供者，均做了署名；同一页面多幅图片为同一摄影者，只署名1处；未署名图片均为延边博物馆资料。在此要特别说明，延边博物馆所提供的大量的服饰和文化样品，是本书坚实的基础，也使得本卷更具有典型性和代表性；吉林省民间文艺家协会多次组织省内专家和学者对本卷进行把关和审定；中国民间文艺家协会的罗杨书记、向云驹秘书长和中国民间文化遗产抢救工程办公室常务副主任王锦强等领导和同志也曾亲临吉林、延边，对本卷进行细致的审定和指导。在此，我们表示深深的谢意。

此外，对曾经给予本卷大力支持和协助的东北三省的民委、延边州文化局、延边州民委、延边州摄影家协会、吉林省图书馆、辽宁省和大连市图书馆、黑龙江省和哈尔滨图书馆以及延边大学等单位表示感谢。

　　一件成果，记载的是一个历程；一个历程，留下的是一个结论。《中国服饰文化集成·朝鲜族卷》的问世，就是对此最好的证明。我们留下它，也就是留下了自己的足迹，这些足迹能走向今后丰富多彩的现实生活，能走向美好神奇的未来，也将永远留在每一个人的记忆里。

　　一只大鸟飞起来了，它披着长白山、图们江灿烂绚丽的光芒飞向了历史的天空。美丽的服饰就是一只大鸟或一朵美丽的鲜花，它飞翔在岁月的历程中，它绽放在岁月的空间里，它永存在人们的心底。

　　再次感谢所有支持并帮助本卷成功问世的人们。

《中国服饰文化集成·朝鲜族卷》编委会

2009年6月10日

图书在版编目(CIP)数据

中国服饰文化集成. 朝鲜族卷 / 中国民间文艺家协会编. —北京：民族出版社，2020.12
ISBN 978-7-105-16251-2

Ⅰ.①中… Ⅱ.①中… Ⅲ.①朝鲜族–民族服饰–服饰文化–中国 Ⅳ.①TS941.742.8

中国版本图书馆CIP数据核字（2020）第258317号

中国服饰文化集成·朝鲜族卷

策划编辑：罗　焰
责任编辑：罗　焰
数字编辑：赵　莹
装帧设计：翟跃飞
出版发行：民族出版社
地　　址：北京市东城区和平里北街14号
邮　　编：100013
网　　址：http://www.mzpub.com
印　　刷：北京雅昌艺术印刷有限公司
经　　销：各地新华书店
版　　次：2021年3月第1版　2021年3月北京第1次印刷
开　　本：787毫米×1092毫米　1/8
字　　数：350千字
印　　张：31.25
定　　价：360.00元
书　　号：ISBN 978-7-105-16251-2 / T·64（汉26）

该书若有印装质量问题，请与本社发行部联系退换。
编辑室电话：010-64271909　　发行部电话：010-64224782

扫一扫获取更多资讯

ISBN 978-7-105-16251-2

定价：360.00元